环境艺术设计丛书

环境设施设计

陈高明　董 雅　编著

Environmental
Art
Design

化学工业出版社
·北 京·

本书从高等院校环境艺术设计教学需求出发，主要讲解六部分内容，即环境设施的概念、发展，特征与界定，功能与设计原则，形态与设计要求，不同类别的环境设施设计，方法与步骤解析等内容，特别是对具体设计中的设计方法、空间布局、具体尺度都有重点阐述。

本书适用于普通高校环境设计类、景观设计类以及风景园林类专业师生，也可作为相关行业人员的参考读物。

图书在版编目（CIP）数据

环境设施设计/陈高明，董雅编著. —北京：化学工业出版社，2017.8（2020.10重印）
（环境艺术设计丛书）
ISBN 978-7-122-30489-6

Ⅰ.①环… Ⅱ.①陈…②董… Ⅲ.①城市公用设施-环境设计-高等学校-教材 Ⅳ.①TU984

中国版本图书馆CIP数据核字（2017）第204924号

责任编辑：张　阳　　装帧设计：尹琳琳
责任校对：宋　夏

出版发行：化学工业出版社（北京市东城区青年湖南街13号　邮政编码100011）
印　　装：中煤（北京）印务有限公司
787mm×1092mm　1/16　印张11　字数239千字　　2020年10月北京第1版第3次印刷

购书咨询：010-64518888　　售后服务：010-64518899
网　　址：http://www.cip.com.cn
凡购买本书，如有缺损质量问题，本社销售中心负责调换。

定　　价：56.00元

环境设施设计

Environmental facility design

引言

Introduction

当城市遇见艺术

城市艺术是当代城市美学与日常生活美学的重要组成部分。在范畴上，城市艺术包含了城市色彩、环境设施以及建筑装饰等在内的，一切与城市公共空间相关的，并具有公共、艺术和生态属性的视觉艺术形式。城市艺术不是城市的点缀品，而是一座城市物质文明与精神文明的载体，它在塑造城市形象、擢升城市品质方面具有重要的作用。

一、理想的城市

古希腊哲学家亚里士多德说："人们为了生活，聚集于城市；为了更好地生活，而居留于城市。"从这一层面理解，城市的本质是在于为人们创造更好的生活环境。

何谓好的生活环境？宋代画家郭熙在《林泉高致》中谓："世之笃论，谓山水有可行者、有可望者、有可游者、有可居者。画凡至此，皆入妙品。但可行可望不如可居可游之为得。"这里谈论的虽是山水画的画理画论，但其中更兼含着一种对美好生活环境的诠释，即一座富有魅力且环境优雅的城市应如同山水画一样，要具备"可观性""可游性"以及"可居性"。清代学者李渔在《闲情偶寄》中也曾提出"室雅何须大，花香不必多"的人居理论，即宜居之地：不在大，而在精；不在奢，而在雅。城市环境的建设又何尝不是如此呢？从城市发展建设的历史来看，影响城市形象和决定市民生活品质的因素不在于城市的大小与豪华程度，而是在于城市环境的优雅与否以及建成环境对人们日常生活的关注程度，即丹麦皇家美术学院教授、建筑师扬·盖尔所谓为的是否是"人性化城市"。城市之于居民，不只是建筑、道路、桥梁，广场，还有可触、可感、可观、可赏的艺术品。只有将城市物质空间的拓展与美学空间的营建同步推进，为市民建设一个雅致并富有魅力的人性化环境，才能将充满了工业化味道的城市打造成德国浪漫主义诗人弗里德里希·荷尔德林笔下的"诗意栖居"地。

对当代城市环境建设而言，城市不应仅是作为人的物质居所，同时还应成为人的精神栖居地。这一观点获得了2012年由中国国家画院主办的"当代城市与人文精神"论坛的共识。论坛宣言指出："未来城市发展不能仅使人安居乐业，提供一个物质上的空间，还要使人身心愉悦，为市民构建精神家园。在有节制、高效率开发城市物质文明的同时，亦要注重以人文精神营造出真善美的艺术化的起居环境，来满足城市居民对精神境界、高品质生活的要求。在未来城市的发展中，人作为公共存在的属性将会日益彰显，充满善意的社会氛围，以健康的公共空间……协调、连接人与人、人与物、人与环境的关系"，让生活在其中的人们既能感受到城市对他们的关怀，又能使市民在不经意间享受到艺术之美，这才是人们渴慕的生活。所以，城市环境建设要走出追求工业化和形式化的怪圈，回归到关注市民生存和福祉的本体中来，以人们的健康、安全和愉悦为核心，使每个人都能生活在"可居、可观、可游"的美好环境中，这才是我们想要的城市。

二、艺术改变城市

在当代，衡量一座城市是否具有竞争力和发展潜力，除经济因素之外，还有环境因素。即一座充满生机和活力的城市，不仅要有发达的经济环境，同时还要拥有良好的生态环境、人文环境及艺术环境。在今天国际、城际间的竞争越来越倾向于以城市文化和城市艺术为核心的软实力与软环境的竞争。尤其是在城市发展的"同质化"时代，城市文化以及城市形象的优劣将成为决定未来城市在竞争中胜负的关键因素。现代城市学研究表明，现代城市核心竞争力评价系统包含五个方面：①实力系统；②能力系统；③活力系统；④潜力系统；⑤魅力系统。作为城市艺术的环境设施，是城市魅力系统的有机组成部分。在范畴上，它是由公共座椅、照明灯具、垃圾箱、候车亭以及标识牌等要素构建的一个城市物质形态与精神形态的综合体作为构成城市软实力和软环境的元素，环境设施虽然不能解决城市发展过程中的深层矛盾，然而在城市面貌千篇一律、视觉形象雷同化的时代，在从塑造城市形象的角度来改善城市面貌，丰富城市视觉形态，培育市民文化认同，彰显城市品格，打造城市美学意象乃至促进城市经济发展等方面的作用却是巨大的，甚至是决定性的。诚如英国著名建筑师理查德·罗杰斯所说："一个美丽的城市：艺术，建筑和景观能够激发想象力，提高市民精神。"由此可见，环境设施在营造富有特色的视觉形象，以及提升城市可持续发展的文化品质方面所起到的作用是举足轻重的。第41届“创造宜居城市”国际会议曾一度把“城市作为一件艺术品”列为该次会议的主题，借此来探讨在国际化和全球化思潮下城市建设的未来，由此开启了以艺术的方式介入城市建设的新时代。

三、未来发展途径

借助环境设施这一艺术形式来塑造城市形象是一个长期规划、循序推进的系统工程，绝非是一夕一朝之事。美国建筑师罗伯特·斯坦恩曾以建筑为例，在对以古老文明的流失为代价换取城市发展的做法批评时曾警告说，“不要把规模等同于荣耀，并且要记住：激励人们并保持恒久的不是建筑的高度而是它的诗意”，同样，我们也不要把环境设施的规模和数量等同于城市品质的提升，城市品位的擢升并不依赖于环境设施的数量，而是在于艺术形式的质量，即它所体现的场所精神、文化涵养与生态效应。揠苗助长式的环境设施建设不仅违背了城市发展的自然规律，同时也背离了艺术的发展规律。其结果只会导致环境设施的粗制滥造。我们应该清楚，一座城市的文化品位与形象是城市的历史、传统、文化、艺术等诸多因素在长期的岁月演进中沉积而成的，是城市精神的映射，而不是通过激进的方式为城市添加几件“美丽的衣裳”就可以在短期之内实现的。另外，脱离城市的具体情况为满足一时之需而追求数量上的充盈显然是荒唐的，也是不足取的。因此，在城市发展过程中积极发掘艺术的价值与功能、手段与形式，使环境设施深入地参与到城市优化与生态优化的建设中，才能让环境设施更好地为城市服务、为城市居民服务。

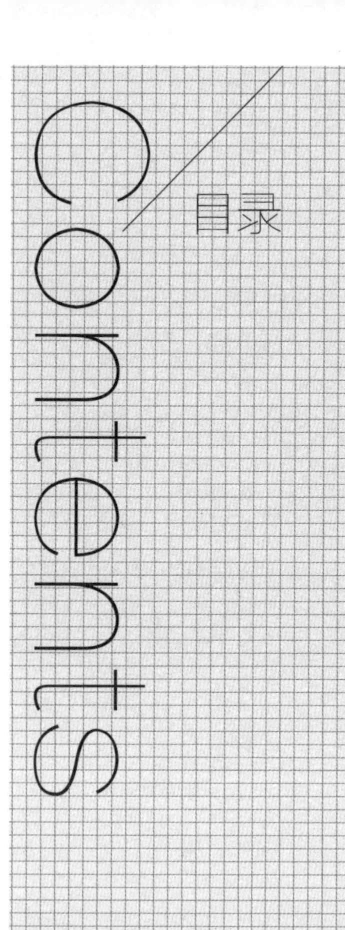

Chapter 1
第1章 环境设施设计概述

Chapter 2
第2章 环境设施设计的特征与界定

Chapter 3
第3章 环境设施的功能及设计原则

Chapter 4

第4章 环境设施的形态及其设计要求

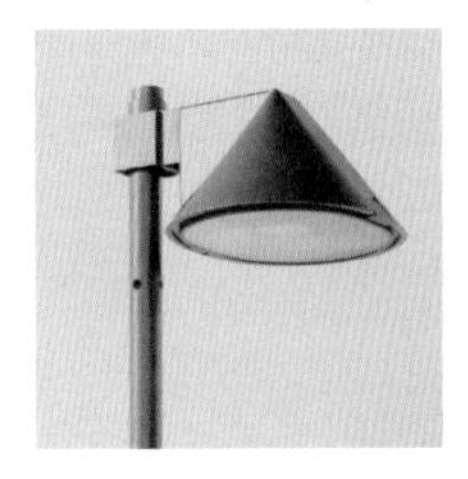

Chapter 5
第5章 不同类别的环境设施设计

Chapter 6
第6章 环境设施设计的方法与步骤解析

第1章　环境设施设计概述

1.1　环境设施设计的概念

1.2　环境设施设计的发展流变

1.3　环境设施设计与城市的关系

环境设施设计是伴随城市发展而产生的融工业产品设计与环境设计于一体的新型环境产品设计，它同建筑一样，是随人类的发展而产生，并遵循城市的发展和城市构成的要求而发生变化。环境设施的存在犹如城市的家具，是城市公共空间环境不可或缺的组成元素，是城市的细节设计，也是城市人居软环境设计。它以其多姿的造型、多变的形式以及多重的功能丰富了城市空间，美化了公共环境，给人们的生活带来了便利和舒适。

1.1　环境设施设计的概念

环境设施设计是一个较为宽泛和模糊的设计概念。不同国家对于环境设施的称谓也不尽相同，如欧洲国家将环境设施称为“街道家具”（Street Furniture）“城市家具”（Urban Furniture）或“城市元素”（Urban Element）；在日本被称为“步行者道路的家具”“道的装置”或“街具”等；我国则习惯性地将其称为“环境设施”“城市环境设施”“公共设施”或“景观设施”。

虽然在名称上对环境设施的称谓不尽相同，但其实质是一致的。在概念的界定上，环境设施都特指位于公园、广场、街道以及商业区、办公区和居住区等环境中，为人的行为、活动提供便利，且具有一定视觉美感的各种公共服务设施体系，以及相应的环境识别系统。它是环境统一规划和为满足人们多种功能需求的社会综合服务设备。从这一点来看环境设施作为公共的环境产品，其主要功能还是在于它的便利性、舒适性、装饰性和公益性等特征。

环境设施作为放置于特定环境中的产品，如果要对其做出准确的界定或是要理解环境设施的涵义，必然离不开对“环境”的探讨。“环境”广义上指围绕着人这个主体的周边的空间和事物，包括具有相互影响、相互作用的外界。我们所说的环境，通常指相对于人而言的外部空间。随着人类社会的不断发展，“环境”一词的概念也在不断发生变化，并随人类活动领域和活动形式的多样化而日益扩大，不断增添新的内涵。

环境就其空间特征、构成因素以及与环境设施的密切程度而言，大体上可以分为自然环境、人工环境和社会环境三大部分。

自然环境是由山脉、平原、湖泊、森林、草原等自然形式和风霜雨雾阳光等一系列自然现象所共同构成的系统（图1-1-1）。人工环境指依据人的主观想象而创造的实体环境，它是由建筑物、构筑物以及其他人工建造形式构成的环境系统，包括由建筑、道路等构筑物所围合和限定的空间，如广场、街道、公园、社区、绿地等区域（图1-1-2）。如果说自然环境与人工环境是实体环境或物质环境，社会环境则是由人创造的、为人服务的非物质环境，即一种基于非实体性的人文或精神环境。这种环境是由社会结构、生活方式、价值观念和历史传统所构成的整个社会文化体系。虽然它存在于人们的头脑和思维之中，但却又无时无刻不反映在社会生活的每种行为之中。同时它又会以一定的物质环境为载体，通过发生在某种特定物质空间中的行为或活动体现出来，如适于交往、休闲等行为活动的空间环境（图1-1-3）。

> 图1-1-1　自然环境

> 图1-1-2　人工环境

> 图1-1-3　社会环境

环境设施作为依附于特定空间的服务性设施，是城市发展的配套设施，也是满足于人们生活的必要条件。对于当代环境建设而言，环境设施不仅是一件具备功能的实体，更是改善环境质量、提升环境品质的艺术品和装饰品。所以环境设施设计在保持既有功能的同时，还要注重视觉享受的提升与形式语汇的表达。其中，视觉享受的提升就是对环境设施艺术欣赏价值的追求。环境设施就其本身意义而言，它是作为一件功能性产品的存在。但实质上，随着社会的发展以及物质的发达，人们对于环境设施的要求早已超出了功能性和实用性，而是把它看作一道城市景观，希望它能够像一件艺术品一样，来装点环境、美化生活，提升城市品质。所以，在进行环境设施设计的时候除了考虑设施本身必须具备的使用功能之外，还要注重其作为城市景观的美学表达，即艺术欣赏价值的提升。

在空间形式语汇的表达方面，环境设施作为城市环境的构成元素，它的建成不能孤立于环境之外，而必须与环境融为一体。这就要求组成环境设施的点、线、面以及色彩等形式成因应符合特定区域或环境中的人们的需求。每一局部的细节设计都要符合环境的总体要求。任何脱离于实际环境的设施都不会是一件优秀的设计。因此。环境设施的形式语汇必须遵循环境的整体设计原则与地方文脉，从而成为某一环境体系中的一个有机组成部分，无论是协调还是对比，都要统筹于大的环境之中，而不能游离于环境之外，与环境格格不入。

1.2 环境设施设计的发展流变

1.2.1 环境设施设计的历史沿革

环境设施的发展一方面是伴随着人类的居住环境、居住方式以及行为方式的发展而不断变化的，另一方面它又是存在于一定建筑空间与城市环境之中的附属物。从这一情况来看，环境设施实质上就是建筑、城市等人居环境的衍生物。环境设施在人类早期的聚居时代已经出现，但最初它是作为居住环境的一个整体元素而存在，并不是独立的。后来由于城市建设规模的不断扩张以及城市结构的日趋复杂，环境设施逐渐从环境的整体组成部分蜕变为城市环境或居住环境的附庸，依附于一些宏大的建筑环境之中。19世纪中后期，伴随欧洲工业革命和新式城市理念的发展，人居环境建设进入一个全新的阶段。在社会分工日益精细和行业划分不断细化的社会背景下，环境设施开始从城市建设中剥离出来，形成一个独立的设计门类和设计体系。

纵观环境设施的发展历程，可以明显地看出，古典时代的环境设施与现代意义上的环境设施无论是在类型上，还是理念上都具有很多异曲同工之处。早期的环境设施主要指人居环境的基础设施，如城墙、街道、沟渠、碑亭以及广场、园林等建筑小品都被看做是环境设施。它的建设理念除部分出于防御和其他实用的需求之外，更多的是基于装饰、礼仪或享乐目的的。而现代的环境设施已不再把墙垣、道路、沟渠（即排水设施）等作为环境设施，而是作为城市的基础设施，在理念上也更多的是考虑它的便利性和实用性。另外，不同国家或地区由于地理环境及文化差异的不同，对于环境设施的理解也不尽相同。本书将就东西方环境设施设计的发展脉络进行简要梳理。

（1）西方环境设施的发展

随着经济、文化的发展，以及居住形式和生活、生产方式的进步，人们不再满足于既有的、偏重于物质性的居住环境和生存条件，而开始追求能体现经济、文化以及技术进步的精神性环境。这种思想的产生极大地刺激并推动了城市建设以及城市环境设施的发展。在城市建设的初始阶段，从城市建筑到环境设施无论是内容还是形式，都体现一种基本的和简单的因果需求关系，即为了防御而建设城堡，为了栖身而建筑宅舍，为了通行而铺设道路、架设桥梁。当物质和财富极大丰富以后，从帝王到市民为提升生活的品质而开始追逐栖居环境的精神性、便利性以及艺术性，即为了展示权利而建造宫殿；为了炫耀胜利而筑造凯旋门、方尖碑；为了展现艺术而建造雕塑（图1-2-1）、壁画、柱廊以及喷泉；为了体现民主性而修建广场、演讲台；为了享乐而建造露天剧场（图1-2-2）、斗兽场（图1-2-3）；为了增加生存的便利性而建设风塔（图1-2-4）、灯塔、输水道（图1-2-5）、饮水池、大台阶以及路灯等设施。这些建筑小品和构筑物共同构成了早期城市的最基本环境设施类型，它不仅极大改善了市民的生活质量，丰富了市民的生活情趣，同时也提升了城市环境的美学意象，并且为后来城市环境设施的发展建设奠定了文化艺术方面的基础（表1-2-1）。

> 图1-2-1　厄瑞克忒翁神庙及女像柱门廊

> 图1-2-2　古希腊露天剧场

> 图1-2-3　古罗马斗兽场

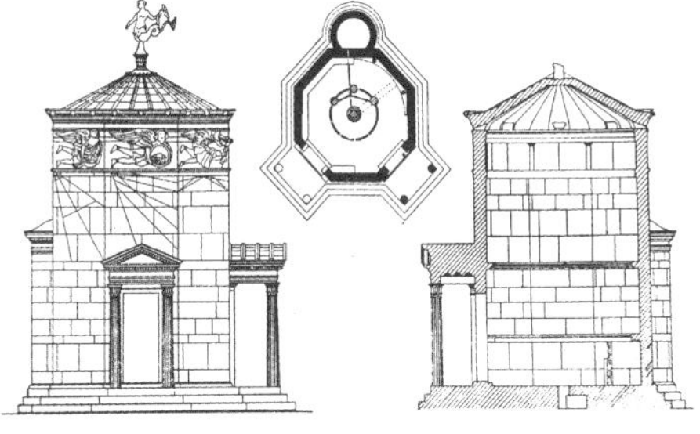

> 图1-2-4　风塔

> 图1-2-5　古罗马输水道

表1-2-1　古典时代的环境设施内容

设施种类	设施内容
安全性设施	城堡、台阶、灯塔、候车厅、车站
便利性设施	道路、桥梁、输水道、井台、水渠、灯柱、升降梯
公共性设施	广场、角斗场、演讲台、露天剧院、浴池、花园、敞廊、座椅、发射塔
装饰性设施	地面铺装、塔、雕塑、壁画、喷泉、水池、花坛、柱廊
纪念性设施	凯旋门、方尖碑、祭坛、塔

如果从公共设施为市民的生活增加便利性、引导性、艺术性以及提升城市环境的舒适度和美誉度的目的层面来看，传统时代的带有城市公共设施性质的构筑物显然不是真正意义上的环境设施。早期的公共设施与建筑是结合在一起的，公共设施和建筑物之间并没有严格的界限，二者之间在形式与概念上呈现出一种模糊的，或模棱两可的交织关系，很难用现代环境设施设计的涵义去廓清它们之间边界。实际上，真正意义上的城市环境设施一直到18世纪工业革命时代才出现。

工业革命完成了人类生产方式由农业时代向工业时代迈进的嬗变。这种嬗变不仅带来了生产方式与生活方式的变革，同时也促使城市空间环境和物质形态发生了巨大的变化。

古典时代的城市是一种建立在自然生长基础上的有机形态。城市的空间格局多以满足防卫为目的，军事安全高于一切，个体的自由与健康是次要的，人和人的交往与友善是无足轻重的。18世纪以后，由于新式武器的出现，中古时代城市的城墙、城堡等防御性设施逐渐失去了原有的军事作用。另外，近代城市功能的革命性发展，以及新型交通和通讯工具的发明、运用也使得自古典时代以来的城市环境在空间尺度、建筑体量以及环境质量等方面都无法适应新的时代需求。如中世纪和文艺复兴时代以来的城市环境空间存在着建筑密度大、阳光不足、空气不畅、街道狭窄、汽车难以通行，以及因严重缺乏市政设施而导致的污水横流、疾病滋生等情况，这显然不能满足新兴资产阶级和新市民的生活需求。因此，改造城市环境，增加户外生活设施，使其变得高雅、舒适，既宜于商业活动又能满足休闲娱乐的理想被提上日程。19世纪中期，欧洲城市兴起了近代城市第一次以改善公共环境和美化城市为目的的大规模环境建设运动。

在这场轰轰烈烈的城市环境改造运动中，约翰·纳什主持的伦敦城市环境重建计划、奥斯曼的巴黎城市改造计划、奥姆斯特德设计的纽约中央公园以及阿姆斯特丹旧城改造活动成为这一时期最具代表性的城市环境建设运动。

19世纪初期，当时的西方国家正处于原始资本积累阶段，这一时期的社会发展由于建立在纯粹以金钱为基础的模式上，使得城市“坚决无情地扫清日常生活中能够提高人类情操、给人以美好愉快的一切自然景色和特点”[1]。这时期的城市污染严重、交通拥挤、疾病流行（图1-2-6）。1841年，英国利物浦的居民平均寿命只有21岁，1843年曼彻斯特居民的平均

[1] [美]刘易斯·芒福德. 城市发展史——起源、演变和前景. 宋俊岭，倪文彦译. 北京：中国建筑工业出版社，2008：317.

> 图1-2-6　19世纪的欧洲

> 图1-2-7　伦敦摄政大街

寿命只有24岁。与这些数字关联的是大量因传染病死亡的青年，以及极高的婴儿夭折率[1]。为了改善愈发恶化的居住环境，1833年，英国议会的“公共散步道委员会”提出通过建设绿地、公园，增加城市艺术品和公共设施，来为居民提供一个优美宜居的生活环境。这一提议促进了伦敦摄政大街、摄政公园以及利物浦伯肯海德公园（Birkenhead Park）的建设（图1-2-7）。1811 ~ 1830年建筑师约翰·纳什对伦敦的摄政大街和摄政公园进行了规划设计。纳什将道路两侧的建筑物从风格、色彩、高度方面进行整合，并增设林阴道，添置路灯[2]、座椅等设施，不仅使道路两侧建筑物错落有致、齐整有序，而且提升了环境的舒适性以及便利性，为伦敦的居民提供了一个商业、休闲、娱乐的公共场所。鉴于伦敦城市环境改造的成功，随后的1843年，利物浦市为改善城市环境、提高市民福祉，政府动用税收购买一块180余亩不宜耕作的土地来建造一座向公众开放的城市园林。建筑师约瑟夫·帕克斯顿作为工程负责人，在规划上采用交通以人车分流、绿化以疏林草地为主的设计方法。在园内设置了板球、曲棍球、橄榄球和草地保龄球等游憩空间以及路灯、座椅、垃圾箱与公共厕所等休闲娱乐和便利设施。1847年伯肯海德公园投入使用，成为世界园林艺术史上的第一个设施完备、功能齐全的现代城市公园（图1-2-8）。

法国首都巴黎的改造从1793年雅各宾派专政时期就已经开始，一直持续到拿破仑帝国时期。拿破仑三世认为，随着铁路运输进入巴黎和工业化的发展，巴黎的旧城布局已经不符合时代的需求了，因此他提出对巴黎进行改建的计划。正如他在一次演讲中说道：“巴黎是法国的中心，我们应当为之努力，使其重焕生机，此事关系每个人的福祉。让我们拓宽每一

> 图1-2-8　伯肯海德公园

[1] 柏兰芝，城市与瘟疫之间的对抗，经济观察报，2003-04-28.

[2] 最初的路灯因采用普通的蜡烛和油作为燃料，光线比较弱。后来改用煤油后，路灯的亮度有了明显的提高，而路灯真正的革命是在汽灯出现之后。它的发明者是英国人威廉·默多克。1807年，这种新型路灯被安装在了波迈大街上，并很快风靡欧洲各国的首都。

条街道，让和煦的阳光穿透每一片墙角，普照每一条街道，就像真理之光在我们心中永存一样。”1853年春天，拿破仑三世任命塞纳地区行政长官尤金·奥斯曼男爵负责这个庞大的改建计划。他的重建计划是从巴黎市中心开始的，以卢浮宫、宫前广场、协和广场以及北至军功庙，西至雄狮凯旋门为核心，将广场、道路、河流、林荫带和大型纪念性建筑物组成一个统一体，进行整体规划建设。另外，在道路两侧增设路灯，建造地铁站等公共设施。为美化巴黎的城市面貌，他还对当时巴黎街道的宽度与两边建筑高度的比例都作了统一的规定，屋顶坡度也有定制。在以凯旋门为中心开拓的12条宽阔的放射形道路的星形广场上，广场直径拓宽为137米。四周建筑的屋檐等高，里面形式协调统一（图1-2-9）。奥斯曼在这次巴黎城市改建中非常重视绿化建设，在全市各区都修建了公园。将爱丽舍田园大道向东西延伸，并把西郊的布伦公园与东郊的维星斯公园的巨大绿化引入市中心[1]。此外，奥斯曼还在巴黎建设了两种新型绿地：一是塞纳河沿岸的滨水绿地，二是道路两侧的花园式林荫大道以及花池花境。经过15年的建设，巴黎被称为19世纪世界上最美丽、最近代化的城市（图1-2-10）。

> 图1-2-9　巴黎星形广场

> 图1-2-10　巴黎

[1] 沈玉麟.外国城市建设史.北京：中国建筑工业出版社，1989：104.

欧洲城市环境改造的成功在一定程度上激励并推动了美国城市环境的建设，尤其是城市环境设施的发展方面，美国一直以欧洲为借鉴。20世纪初，为了改变工业城市肮脏混乱的面貌，以及实现城市居民对美好生活的渴望，美国的一些城市，如华盛顿、纽约、芝加哥、旧金山、克里夫兰等掀起了轰轰烈烈的“城市美化运动”。城市美化运动的宗旨是以艺术的手段来驱动城市的发展，尝试用艺术、建筑和规划的融合来打破19世纪末的功利主义规划思想，将城市建设成为一个美丽宜居的地方。“城市美化运动”提出了四个方面的建设内容：

① 城市艺术，即通过增加公共艺术品，包括建筑、路灯、壁画、雕塑、公共座椅以及候车亭等来装点城市。

② 城市设计，即将城市作为一个整体，为社会公共目标而不是个体的利益进行统一设计。城市强调纪念性、整体形象以及商业和社会功能，因此特别强调户外公共空间的设计，把空间当做建筑实体来塑造，并试图通过户外空间的设计来烘托建筑及整体城市形象的堂皇和雄伟。

③ 城市改革，即城市社会改革与政治改革相结合。城市的腐败极大地动摇了人们对城市的信赖。同时，令人担忧的严重问题是城市的贫民窟。随着城市工业化的发展，贫民窟无论从人口还是从面积上都不断扩大。工人拥挤在缺乏基本健康设施的区域，这里是各种犯罪、疾病和劳工动乱的发源地，这些都使城市变得不宜居住。因此，城市美化运动要有利于对城市腐败的制止，解决城市贫民的就业和住房以维护社会的安定。

④ 城市修葺，即强调通过清洁、粉饰、修补来创造城市之美。这些往往是被建设者忽略的事，但它却是城市美化运动中对城市改进最有贡献的方面，包括步行道的修缮、铺地的改进、广场的修建以及绿化的增植，等等，都极大地改善了城市面貌[1]。

在美国城市美化运动实践中，弗雷德里克·劳·奥姆斯特德设计的纽约中央公园具有划时代的意义（图1-2-11）。它不仅是美国城市美化运动精神的物质转化，同时也开创了现代城市景观环境设计的先河，标志着景观环境从为权贵阶层服务开始向关注普通人生活转变。中央公园旧址原是一片几近荒芜的沼泽地，树木丰茂、杂草丛生。1858年奥姆斯特德被任命为设计师，对这块面积达34公顷的荒地进行规划设计。奥氏采用了一种田园牧歌式的设计方法，一方面保留了园区内的森林、湖泊和草地；另一方面在园内增建了动物园、美术馆、运动场、剧院甚至农场和牧场等娱乐性及休憩性设施。1873年全部建成后，对于纽

> 图1-2-11　纽约中央公园

---

❶ 俞孔坚，吉庆萍．国际“城市美化运动”之于中国的教训（上）——渊源、内涵与蔓延[J]．中国园林，2006，16（1）27-33.

约脏乱的城市环境来说，这里不仅是野餐和散步的去处，更成为能带给人们身心健康和精神愉悦的场所。

（2）中国环境设施的发展

福柯曾说过，在人类发展的历史上，无论是东方还是西方，人类思维在同一时期的发展是相同的。这也导致了东西方在历史形态、思想文化以及环境设施建设方面存在一定的相似性。但由于各自的地理情况以及文化形式的不同，中国古代环境设施的发展与西方相比还是有诸多差异。下面对此进行详细说明。

相同的地方在于，中国在早期的居住环境建设过程中，环境设施与城市建设以及建筑的进化也是一脉相承、同步发展的，它们之间交织行进，彼此之间并没有严格的区别。城市与建筑的历史实质上也就是环境设施的历史。

不同之处在于，首先，中国封建社会制度历时很长，这期间虽然朝代频繁更迭，但高度集权的独裁统治制度和“率土之滨莫非王土，普天之下莫非王臣”的社会体制并没有发生根本改变。没有经历过古希腊或古罗马式的民主制度，体现在环境设施的建设上也就不可能出现诸如广场、演讲台等这样的公共环境设施。其次，中国一直是一个自给自足的农业社会，小农经济的思想制约着中国人对于人居环境的建设态度，反映在居住环境的建设上，就是以保护私有财产和人身安全为目的的城墙、院落，以及便于发展农业生产的观象设施成为中国古代环境设施建设的重大主题。再次，中国的传统文化思想无论是春秋战国时期的“百家争鸣”还是秦汉以后的“罢黜百家，独尊儒术”，其基本内核是一致的，即对等级制度和礼制观念的尊崇。这些观念的存在成为独裁者统治人们思想和道德的武器，他们用这种无形之手来驾驭百姓，使人们不敢有丝毫僭越。反映在环境设施的建设上，就是遍布各个城镇的体现礼制仪式的华表、牌坊、碑亭以及石狮等礼仪性或纪念性设施（表1-2-2）。

表1-2-2　中国古代的环境设施

设施种类	设施内容
安全类设施	城墙、院墙、角楼、沟渠、台基、水闸、驳岸、吊桥、水缸
便利性设施	街道、桥梁、排水渠、骑楼、井台、台阶、围栏、亭台
信息类设施	钟楼、鼓楼、日晷、观象台、观象仪、灵台
装饰性设施	铺地、璧照、石灯、石鼓、漏窗、绿化
礼仪性设施	华表、明堂、祭坛、塔、石幢、嘉量、戏台、幡竿
纪念性设施	牌坊、牌楼、神道、石像生、碑、亭

在这些的建筑物和构筑物中，墙垣、街道、牌坊和华表等是最能代表和体现中国古代环境特色的设施，下面予以重点说明。

① 墙垣是中国环境建设的一大特色。中国人对于墙垣的偏爱与中国古代社会的经济形态以及文化形态有着密切的关系。在经济上，中国是一个建立在农耕基础上的封闭的社会形态，为了阻止外界入侵、保护人身安全，就需要构筑起一道院墙来防止劫掠事件的发生。其次中国传统文化有着强烈的家国天下的情节。《大学》提出“修身、齐家、治国、平天下”的思

想，并认为治国先从治家开始，能治一家方能治一国。家是社会结构的最小单位。何谓家，从形态上说就是由围墙围合而成的一个封闭的空间。由家至国亦是如此，只不过国是由更长的围墙围合而成的一个更大的空间罢了。所以，上至国家、中至城池、下至宅邸都建有厚重的墙垣。围国之墙为“长城”（图1-2-12），围城之墙为城墙，围院之墙为院墙。另外，为了区别等级还形成了城中之城、院中之院的格局（图1-2-13）。在重重的墙垣包围下形成了富有中国特色的城市空间形态和城市环境艺术。墙垣的建设基本上就决定了一座城市乃至一个家庭的空间格局和环境秩序，所以墙垣的规模、形制建设并不是随意筑造的，而是有着明确的规定。中国最早的儒家典籍《周礼》就曾明确记载周朝城池的建设：“匠人营国，方九里，旁三门。国中九经、九纬，经涂九轨。左祖右社，面朝后市，市朝一夫。”意思是说，匠人规划和营建都城，其范围是都城规模九里见方，每边有三个城门，城内纵横各有九条街道，每一条街道的宽度可以并行九辆马车。城内东侧设置祖庙，西侧建造社稷坛，城的南面部署宫殿和官衙，北面建筑市场和居民区（图1-2-14）。这种建设形制影响中国两千余年的城市环境布局。

> 图1-2-12　长城

> 图1-2-13　故宫

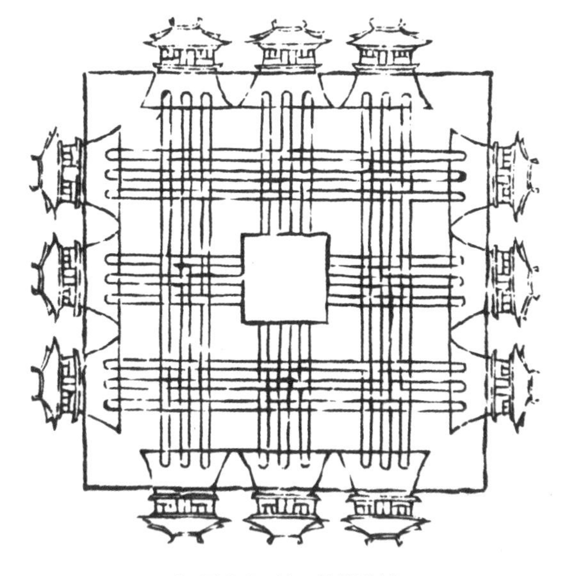

> 图1-2-14　周代王城

② 街道作为构成城市环境的骨架和划分城市格局的网络，是城市环境的基本组成部分，在世界各国的城镇、乡村中形成了千姿百态的街道形态。但就街道组成城市环境的自然格局而言，东西方是有差别的。芦元义信在《街道的美学》一书中论述古典时代城市环境的组成时曾开宗明义地提出“东方没有广场，西方没有街道”的理念。他在这里所说的“东方没有广场，西方

没有街道”并非是指西方古代的城市不存在街道，东方古代的城市不存在广场，而是指在城市的发展和形成过程中，东西方因文化差异而在城市空间环境设计方面的不同。西方人开放、喜好交往、性格张扬，在城市环境的营造上，他们往往将建筑直接面向街道修建，没有院子，建筑之外的剩余地面完全铺装作为街道使用。但这种街道并不是专事通行的道路，在街道的宽阔处人们在这里站着交流，或端出椅子缝补，或纳凉。从空间领域来说，这不是街道而是广场。

中国的传统文化崇尚含蓄、内敛和不事张扬，体现在建筑上也就更偏爱围合性好的封闭性空间。所以大到国家，小到园宅都要用高墙围筑起来形成一个个独立的、具有高度私密性的院落空间。院落与院落之间就构成了城市的基本单位“里坊”。“里坊”之间的公共区域就成了街道。在中国传统城市中这些街道被称之为“大街”“胡同”“弄堂”以及“巷”等。当然，在中国古代的城市中，街道除了用作车马、人流的交通和进行社会交往的空间之外，还肩负着特殊的礼仪性功能。如汉代长安城贯穿南北的中央大街长达五公里，中间是阔约20米专供皇帝使用的御道，两侧还有供普通人使用的宽13米的道路。到了唐代，随着社会经济的发展以及物质的富足，城市建设也更显气势宏伟。都城长安的中轴线朱雀大街的宽度已从汉代的40余米增至150余米，而且道路两侧设有排水设施和槐树以及银杏等绿化。只不过这些用于庆典的街道大都以夯土铺筑，除宫城的道路外几乎没有硬质铺装。一直到明清，北京城的一些主要路段（供帝王出行或检阅军队）开始有了石板铺筑的道路，而且在道路上除了建设排水沟、绿化以外，在特定区域还增设了牌坊等设施。

③ 牌坊是中国古代人居环境的主要组成部分。这种兼具纪念性和礼仪性的建筑设施遍布于中国古代的大小城镇与乡村之中。牌坊的形制滥觞于汉，成熟于唐、宋，至明、清登峰造极，并从实用之物衍化为一种纪念碑式的构筑物，被极广泛地用于旌表功德、标榜荣耀、体现忠孝节义以及祭祀祖先（图1-2-15）。这些构筑物被置于郊坛、孔庙，以及用于宫殿、庙宇、陵墓、祠堂、衙署、园林和主要街道的起点、交叉口、桥梁等处，景观性很强，起到了

> 图1-2-15　牌坊

点题、框景、借景等作用。牌坊最初是由棂星门衍变而来的，开始时用于祭天、祀孔。“棂星”原作“灵星”，即天田星，为祈求丰年，汉高祖刘邦规定祭天先祭灵星。宋代则用祭天的礼仪来尊重孔子，后来又改“灵星”为“棂星”，孔庙门前要设棂星门。另外一种说法是，就结构而言，牌坊的原始雏形名为“衡门”，是一种由两根柱子架一根横梁构成的最简单最原始的门。春秋时期的《诗经》就有对“衡门”的记载。《诗 · 陈风 · 衡门》曰：“衡门之下，可以栖迟。”由此可以推断，“衡门”至迟在春秋中叶即已出现。旧时的“衡门”也就是现在所说的牌坊。早期的牌坊非常简单，较多地注重作为大门的实用价值。汉代以后，中国的城市建筑渐渐形成一定格局，在城中有里坊，里坊有坊墙、坊门，犹如城中之城，类似于如今的居住小区。据历史文献记载，里坊中如果出现好人好事，便须在坊门上张贴通告，以示褒奖，由此坊门衍生出了新的功能。人们为了能使坊门上张贴的褒奖告示长存，就用更加坚固的材料制作坊门，篆刻褒奖事由，这就是今日牌坊的雏形。到了宋代，里坊制度逐渐被打破，包围里坊的坊墙被拆除，坊门就逐渐失去了作为出入通道的作用，而成为纯粹的装饰建筑。其建筑形式也日趋复杂优美，从最初作为坊门的一间两柱（即一块横板两根立柱）发展到后世的五间六柱十一楼坊（即六根立柱五块横板，横板及立柱上方还建有斗拱屋顶的结构），如北京正阳门外前门大街上的前门五牌楼，于是便形成了现在的牌坊。

在形制上，其实牌坊与牌楼是有区别的，牌坊没有“楼”的构造，即没有斗拱和屋顶，而牌楼有屋顶，它能更好地烘托气氛。但是由于它们都是我国古代用于表彰、纪念、装饰、标识和导向的一种建筑物，而且又多建于宫苑、寺观、陵墓、祠堂、衙署和街道路口等地方，再加上长期以来人们对“坊”“楼”的概念不清，所以到最后两者成为一个互通的称谓了（图1-2-16）。

> 图1-2-16　石牌坊

④ 华表作为一种礼仪性的环境设施，是中国传统人居环境的标志物，与牌坊一样成为中华文化的一种基本文化语汇或建筑元素。对于华表的起源众说纷纭。一种意见认为，华表起

源于远古时代部落的图腾标志，远古时的人们都将本民族崇拜的图腾标志雕刻其上，对它视如神明，顶礼膜拜。华表柱顶的雕饰也因各部落图腾的标志不同而各异。进入封建社会，图腾的标志在人们心中的印象渐渐淡薄，华表上雕饰的动物也变成了人们喜爱的吉祥物。唐朝诗人杜甫就有“天寒白鹤归华表，日落青龙见水中”的诗句，其中指出华表顶部雕饰的是白鹤。在北宋大画家张择端画的《清明上河图》中，汴梁虹桥两端就画有两对高大的华表，顶端白鹤伫立，神态生动各异（图1-2-17）。另外也有的在华表顶端雕刻带有吉祥之意的瑞兽，如天安门前后的这对华表顶端雕有一尊坐兽，似犬非犬，名为“犼”，民间传说这种怪兽性好望。犼头向内的名字叫“望帝出”，犼头向外的名字叫“望帝归”（图1-2-18）。

> 图1-2-17　清明上河图中的华表

> 图1-2-18　天安门前的华表

另一种意见认为，华表在上古时期名曰“谤木”或“诽谤木”。据《淮南子 · 主术训》记载：“臣闻尧舜之时，谏鼓谤，木立之于朝。”即尧、舜时为了纳谏在交通要道和朝堂上树立木牌，让人在上面写谏言。晋代崔豹在《古今注 · 问答释义》中也说：“程雅问曰：‘尧设诽谤之木，何也？’答曰：‘今华表木也，以横木交柱头，状若花也，形似桔槔，大路交衢悉施焉。或谓之表木，以表王者纳谏也，亦以表识衢路也。”从崔豹的记载可以看出，汉代以后，“华表木”就发展演变为通衢大道的标志，因这种标志远看像花朵，所以被称为“华表”。汉代时官府还在邮亭的地方竖立华表，以使送信的人不致迷失方向。后来，随着用途的多义化，华表逐渐演变成为宫殿、陵墓和桥头等地方设置的小型装饰性建筑设施。

还有一种说法认为，华表原是春秋战国时期观天测地的一种仪器。人们为了观察天文，立木为竿，以日影长度测定方位、节气，并以此来测恒星，观测恒星年的周期。古代在建筑施工前，还以此法定位取正。一些大型建筑因施工周期较长，立表必须长期留存。为了坚固起见，常改立木为石柱。工程完成以后，石柱也就成为这些建筑物的附属部分，作为一种装饰性构件而保留下来，继而成为宫殿、坛庙、寝陵等重要建筑物的标志。后世华表多经雕饰美化，表柱有圆形、八角形，周身雕有蛟龙云纹，柱头有云板，柱顶置承露盘。随着时间的变迁，华表的实用价值逐渐丧失而演化成为一种艺术性很强的装饰设施。

如果说中国古典时期的环境设施一直是与建筑纠缠在一起，那么这种情况在清末以后出现了分离。19世纪中叶，我国在两次鸦片战争的失利中，国门被列强的炮舰打开。西方列强带着他们的枪炮和文化大量涌入我国。1842 ~ 1860年随着《南京条约》《天津条约》以及《北京条约》等一系列不平等条约的签订，一些经济位置和政治位置较为重要的城市，如上海、天津被迫开放。这些城市就在外国侵略者的铁骑之下开始了长达一个世纪的殖民统治。这其中规模最大、殖民时间最长的当属天津租界。1900年以后，在天津形成了9个租界区，总面积达24700亩，相当于10个天津旧城还多。殖民者到来之后便在瓜分的租界内大兴土木，按照他们本国的城市设计理念来规划、建设租界环境。为了方便出行和提升生活质量，殖民者在租界内先后建立了有轨电车、公共厕所、指示牌、公告栏、路灯以及公共座椅等设施。如1843年，上海黄浦江边出现了第一盏路灯，尽管是煤油灯，可在人们的心目中它比月光还要神圣，以至于吸引无数市民摩肩接踵地专门前去一睹风采。后来，上海公共租界的路灯又改为由伦敦移植过来的煤气灯，它的亮度比煤油灯提高了数倍。从19世纪末、20世纪初开始，随着西方环境建设理念的传入，环境设施逐渐与建筑小品或构筑物剥离开来，形成一个专门的设计门类，融入到城市环境建设之中，从此环境设施开始独立成为构成城市整体环境的基本要素。

1.2.2 我国环境设施设计的发展现状

环境设施自介入城市环境建设以来，在塑造城市形象、彰显城市精神、提升城市文化品质等方面均博得佳誉。然而，在城市建设的快速发展中，由于对环境设施建设的忽视，加之受人为等因素的影响，导致环境在发展过程中也出现了一系列问题。这些问题的存在已成为环境设施在城市建设中进一步发展的障碍，不但影响到城市的整体形象与文化品质，同时也阻碍了环境设施在城市公共环境中正常、健康、有序的发展。在众多的问题之中，以下几个方面的问题较为突出。

（1）环境设施形态趋同，缺乏地域精神与原创性

在环境设施的认知和建造过程中，由于缺乏对其概念、意义及其价值的深层次探寻，“借鉴”和“模仿”似乎成为一种合理的借口和托辞，通过“乾坤大挪移”的方式复制或抄袭其他地区的环境设施设计的现象屡见不鲜。这种做法不仅使环境设施丧失了与本土语境和地域文化的关联，同时也泛化了环境设施的精神作用而让其蜕变为一种纯粹的“装饰符号”。盲目的移植和简单的借鉴只是看到了环境设施的表象，而忽视了隐藏在表象之下的历史、文化和美学本质，抹杀了环境设施赖以存在的本土性和地域性精神。《晏子春秋 · 杂篇下》说：“橘生淮南则为橘，生于淮北则为枳。”任何事物都是具体的、历史的，都是在特定的地域环境和时代背景之中成长起来的，并受到特定环境氛围的界限，这是事物存在的基础。一旦脱离赖以生存的根脉，事物就成了无本之木和无源之水而难以流传。环境设施作为一种基于历文脉和地域特色的设计艺术，也是在一定的环境氛围和时代潮流之中孕育而成的，它具有专属性和唯一性，不可以随便移易，否则环境设施就会因丧失生存的根基而沦落为城市的漂浮元素。

（2）环境设施品质良莠不齐

环境设施设计在我国的公共环境建设中出现的时间虽然较晚，但发展却很快。在大规模的“城市美化运动”风潮的推动下，环境设施建设也出现了前所未有的繁荣局面。为了与城市发展同步，许多环境设施尚未经过仔细推敲便匆匆进入了公共领域。由于环境设施的急速介入以及艺术质量的高低不一，导致了整体水平良莠不齐，致使作为城市元素的环境设施不但没有起到美化环境、提升生活品质的作用，反而丑化了环境，在一定程度上影响到了城市环境的美誉度。甚至一些设计粗劣、功能模糊、色彩杂乱、不符合人体尺度的设施演变成为一种景观污染，弱化了环境的整体品质。

（3）主要场所缺少环境经设施

如果把一座城市喻作成一个家庭，广场就是城市的客厅，交通转运站便是城市的门户，街道即城市的流线，它们肩负着传达城市品质、精神和风貌的重任。广场、街道以及交通枢纽区域不仅是人们进入一座城市的必经之处，也是人们驻留时间最长的地区。作为人们感受城市形象、文化品位以及城市特色的初始之地，这些区域对于塑造城市形象、展现城市魅力具有举足轻重的作用，因此，它们应成为环境设施建设的重点区域。但现实与之相反，由于座椅、盥洗台、公共卫生间以及指示系统等设施的匮乏，几乎使这些地区变成一处失落的场所。

（4）城市建设与环境设施设计的不同步

环境设施作为城市形态的组成部分，与城市规划、建筑、景观等一起承担着塑造城市形象、凝聚城市魅力的重任，其设计亦应与规划和建筑同步。这也是欧美以及日本等环境设施建设较为发达的国家经过几十年发展总结出的经验。而目前我国的环境设施设计程序基本是，先进行规划，然后建设，最后的剩余空间用来摆放或穿插环境设设施。环境设施的建设好像就是为规划和建筑等行为之后剩余的空间做命题填空或补壁之用。由于环境设施设计缺乏系统规划以及整体设计，使环境设施徘徊于场所与建筑之间，往往顾此失彼，其窘境可想而知。黑格尔在《美学》一书中曾旗帜鲜明地指出：“艺术家不应该把雕刻作品完全雕好，然后再考虑把它放在什么地方，而是在构思时，就要联系到一定的外在世界和它的空间形式及地方部位。”黑格尔所指的虽然是从单纯的美学角度认识雕塑作品与环境的关系，但对今日的环境设施设计却有着普遍的指导意义。环境设施的建设不能脱离特定的场所，必须与周围的环境相互观照、彼此辉映才能至臻完美。

（5）公共性的缺失与公众意识的淡薄

公共性和公众意识是环境设施的内在属性，也是环境设施设计的核心价值之一。一旦丧失了公共性和公众意识，环境设施设计也就名存实亡，这是环境设施区别于城市基础设施的主要因素。但在我国当前的环境设施建设中，很多是倾向于把它看作是一种“姿态”和“标榜”，尤其是在无障碍设施的设计方面，严重忽略了其作为一种公共性与公共性设计形态所特有的属性，这就直接导致在公共设施的设计方面缺乏对老弱群体和残障人士的关照与爱护。

如公交、地铁等交通场所缺少专门供盲人使用的盲文导视牌，甚至一些盲道随意被曲折或被墙体、栏杆及车辆堵塞（图1-2-19）。人为设置的障碍使环境设施与方便生活的理念相去甚远，致使环境设施为公众服务的理念似乎已经畸变为一种挂羊头卖狗肉的“标榜”。这种现象的存在很大程度上在于公共观念和公共道德的缺失与淡漠。

> 图1-2-19　不合理的盲道

（6）环境设施缺乏可持续发展的潜力

环境设施作为一种服务于公众和社会的设计形式，如何保障这些设施既能满足公众的需求，同时又不至于因同公众的接触而造成人为的损毁，是关系到环境设施是否具有可持续发展潜力的问题。而目前我国环境设施建设中仍有以下现状亟待改善。

① 市民社会公德之心有待提升，公共物品的保护意识有待增强。由于环境设施是为大众所共有并非个人的专属之物，而且是放置于公共空间之中的，往往就会成为某些缺乏社会公德之心的人盗取或破坏的对象。因此，提高人们的社会公德，增强公共意识颇为重要，唯其如此才能实现环境设施“共有、共享、共管”的理想。

② 只计其新、未计其旧，对环境设施缺乏长远考量。由于环境设施是放置在公共空间中的作品，不仅会遭到风雨霜雪的侵蚀，经年累月自然也会因使用而出现磨损。如果材质不够坚实耐用，不逾时就会失头堕趾，原本光鲜亮丽的外表便会黯然失色。因此，环境设施设计不能只关注短期利益，必须要具有前瞻性，充分考量作为设施的坚固性和耐用性。正如李渔对建筑的论述：“其首重者，止在一字之坚，坚而后论工拙。”

③ 后续管理制度的缺失。环境设施的设计和建设并不是一蹴而就的事情，而是一个循序渐进、长期经营的结果。在环境设施实施之后必须制定完善的管理、维护和保养制度。当前，后续管理制度的缺失导致了对设施的间接破坏现象，也严重影响并制约了环境设施可持续发

展的潜能。因此，制定完善的后续管理制度，加强环境设施的日常维护，对提升环境设施的生命周期是非常必要的。

1.3 环境设施设计与城市的关系

1.3.1 环境设施设计与人的关系

环境设施与人的关系包括两层含义，其一是环境设施与人的认知关系；其二是环境设施与人的行为关系。

（1）环境设施与人的认知关系

环境设施与人的认知关系在本质上就是环境与人的生理及心理等方面的关联。在环境与人的关系中一直存在着环境决定论倾向，即好的环境会促使人向良善发展，坏的环境会刺激人趋向不端，就是所谓的“近朱者赤，近墨者黑”。后来马克思提出“人塑造环境，环境改造人”的人与环境相互作用的理论。20世纪50年代，心理学家勒温（Lewin）提出人类的认知行为是人和环境关系的函数，即[B=f（P·E）][1]的著名公式，更新了人与环境相互关系的概念。60年代末随着环境心理学发展的不断完善，有关人与环境关系的研究也扩展到了环境认知、环境评价、人格和环境、密度的行为分析、行为场所分析以及人居环境分析等方面。

人与环境相关的内容在整体上可以从主观环境和客观环境两方面来认识。客观的环境主要指围绕人们周围的客观实在，包括实体环境和文化环境两个方面；主观环境指个体对环境的反映，一般因人而异，随年龄、性别、阅历、阶层以及价值观等因素而不同。人的行为是从“感觉”到“知觉”再到“行为”的一系列经过人对环境进行精神加工的过程（图1-3-1），而不是简单的外显性行为。其中，认知的过程是人们对环境主观能动性的体现，包括人对环境的审美过程。正确理解认知的过程有助于创造良好的环境设施体系。

> 图1-3-1 环境行为与认知关系

感觉和知觉都属于认知过程的感性阶段，是对事物的直接反映，但感觉与知觉是不同的心理过程。其中感觉在先，知觉在后，感觉是对事物个别属性的反映，具有被动性；知觉是对事物的各种不同属性、各个不同部分及其相互关系的综合反映，经过了思维的加工，具有主动性和目的性。知觉理论的发展为揭示环境与行为的内在关系起到了积极的推动作用。这一理论运用美学和心理学概念分析环境设施中的“秩序”，使得习惯于“意会”而不能“言

---

[1] 公式中的B是指人的行为，P是指人，E是指环境。这个公式旨在说明行为（B）是人（P）和环境（E）的函数（F）。

传”的设计师能比较理性地认识到“秩序”的科学性。现在，知觉理论越来越引起环境设计师的关注。知觉理论大致分为两类：一类是注重感觉经验的接受，力图说明感觉信息是如何在大脑中综合起来的，强调固有想法和来自感觉的推理判断；另一类是将知觉看作主动的和相互作用的感觉系统，是以信息为基础的。

在诸多关于环境设施与人的认知关系研究中，马斯洛的需求理论对环境设施设计的影响是最突出的。马斯洛认为，人存在着一个从强到弱的需求等级，在不同的需求同时存在时，高等级的需求往往压倒低等级的需求（表1-3-1）。等级的高低可以这样来划分：

① 生理需求，饥饿、休憩；

② 安全需求，避免身体受到外界伤害；

③ 归属需求，受到他人的关怀；

④ 尊重需求，保护隐私、保持自身较高价值的愿望；

⑤ 自我实现需求，满足自己能力的愿望；

⑥ 审美和认知需求，渴望追求知识和美好事物。

表1-3-1　人的基本需求

亚伯拉罕·马斯洛（Abraha Maslow）	罗伯特·阿瑞（Robert Ardrey）	亚历山大·莱顿（Alexander Leighton）	亨利·莫瑞（Henry Murray）	佩格·皮特森（Peggy Peterson）
生理需求 安全需求 归属需求 尊重需求 自我实现需求 审美和认知需求	安全 刺激 认同	性满足 敌视情绪表达 爱的表达 获得他人的爱情 创造性的表达 获得社会认可 表现为个人地位的社会定向 作为群体一员的保证和保持 归属感 物质保证性	依赖 尊敬 权势 表现 避免伤害 避免幼稚行为 教养 地位 拒绝 直觉 性 救济 理解	避免伤害 性 加入社会团体 教育 援助 安全 地位 行为参照 独处 自治 认同 表现 防卫 成就 威信 攻击 尊敬 谦卑 玩耍 多样化 理解 人的价值观 自我实现 美感

马斯洛的等级需求理论为环境设施设计提供了一个参考的框架和设计原则。归纳起来，

人对环境设施有以下几个方面的要求。

① 生理需求，环境设施功能齐全、尺度合理，满足人的生活和出行习惯；

② 安全需求，环境设施布局合理、材质适宜，具备基本技术防范措施；

③ 归属需求，环境设施体现地域特征和场所精神；

④ 尊重需求，环境设施方便人们沟通、交流以及保护隐私；

⑤ 自我实现需求，环境设施满足人们交往、娱乐、休闲、健身的需求；

⑥ 审美需求，环境设施应具有美的特征，像艺术品一样的设施是人们所期盼的。

（2）环境设施与人的行为关系

环境设施是承载人们活动的基本界面，人们每天在这个界面上进行着有目的的步行、购物、休憩、逗留、交流以及不可预测的和不可计划的自发性行为。而且，不同行为之间又存在着许多重叠且频繁转换的现象。有目的和无目的的行为构成了人的行为多样性和复杂性的日常活动轨迹。不过，无论人们每天进行着何种活动，但从行为的目的来看，可以归纳为三种基本活动形式，即必要性活动、选择性活动和社交性活动。

所谓必要性活动就是人们为生存需要而必须进行的活动，如上班、上学、等候公交车、乘坐地铁以及给顾客运送商品等。必要性活动最大的特点是较少受环境设施的影响，在任何情况下这种活动或行为都会发生，无论是缺少公共设施还是公共设施低劣，这种行为都会照常进行，与环境设施的存在与否、品质高低基本没有关系。

选择性活动是指诸如休闲、散步、旅游、远眺或坐下欣赏风景等行为。选择性活动受环境设施的尺度和品质的影响较大。形态优美、尺度标准以及符合安全规范的设施往往成为人们休憩娱乐抑或驻留的首选。

社交活动是指在城市空间中人与人之间的所有形式的交往，包括市场购物、街头聚会、熟人交谈、社团集会等行为。这类有意识或无意识，有目的或无目的的活动形式无处不在，是人们生活中最为普遍的行为活动。社交性活动和环境设施品质的优劣亦有着密切的关系。社交活动作为一种可选择性的行为活动方式，人们总是趋向于选择景致优美、布局合理、材质纯正、干净卫生以及独具匠心的环境设施作为活动的目的地或驻留地。

从上述三种行为活动与环境设施的关系可以看出：必要活性动基本不受环境设施品质的影响，社交性活动受一定影响，选择性活动受环境设施影响最大。所以，创造品质优良的环境设施不仅可以提升选择性活动和社交性活动的数量，同时亦可促进人的选择性活动与社交性活动优雅而体面地进行（图1-3-2）。因此，环境设施与人的行为活动的关系也成为世界各国制定“城市闲暇环境”的重要依据。

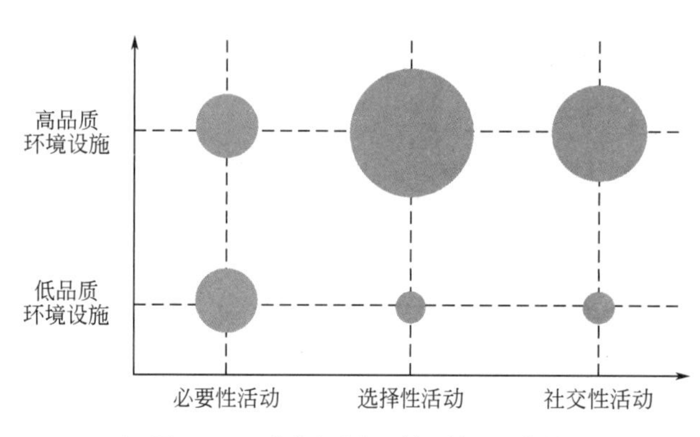

> 图1-3-2 人的行为与环境设施品质的关系

1.3.2 环境设施设计与城市的关系

城市是由物质和非物质要素构成的综合体。环境设施既是美化城市环境、构建城市形象的物质实体，同时又是承载城市文化、延续城市感知、展现城市魅力、提升城市品位以及形成城市身份认同的物质元素。因此，环境设施的存在与发展是城市形象、城市文化、城市特色、城市环境等多元要素的动态统一，是化景物为情思的载体。

（1）环境设施是展现城市形象的主要手段

环境设施是城市的有机组成部分，对于提升城市持续发展的文化品质，塑造城市整体形象以及装饰和美化城市环境起到举足轻重的作用。在西方国家，通过环境设施的设置来塑造良好的都市形象、擢升城市文化品位的做法已获得普遍的认同。如英国街头的“红色电话亭”、法国巴黎的“地铁站入口”、美国亚维茨广场上的“曲线座椅”、日本富有个性的“井盖”等，这些设施其自身意义已经超越了单纯的功能性设施而升华为一种艺术品，于静默之中展现着城市的文化韵味及艺术品位。

（2）环境设施是体现城市地域精神的重要方式

承载地域文化、体现地域特征以及传承城市精神不仅是环境设施的内在属性，同时也是环境设施的价值所在。任何环境设施都是根植于特定的历史文化、地域特点和气候环境之中的，这是环境设施的生存之基，失去这个根脉环境设施就丧失了存在的价值，最终会沦落为一堆毫无意义的、苍白的功能符号。

（3）环境设施是加强城市人居软环境建设的必然之路

衡量一座城市是否宜居，不仅要看城市的空间结构、建筑形态和基础设施等硬件环境，同时还要看城市的文化、艺术等软件环境的营造。美国著名城市理论家刘易斯·芒福德曾指出：“我们事实上是生活在一个由机械学和电子学等无数发明所构成的迅速扩张的宇宙之中，这个宇宙的组成部分正以一个极快的步伐越来越远地离开他们的人类中心，离开人类的一切理性，自主的生存目的……我们时代的文明正在失去人的控制，正在被文明自身的过分丰富的创造力所淹没。”科学技术日新月异地发展在给现代城市生活带来极大便利的同时，却又把整个城市置于钢筋混凝土的丛林之中，隔离了人与环境的感性联系。当代城市居民的物质生活满足了，但幸福感并没有上升，其原因就在于市民的生活被科技绑架了，日常生活缺乏美丽的景观和赏心悦目的环境。故而，城市之于市民，不只是建筑、街道、桥梁，而是有血有肉、可触可感的肌体。因此，理想的城市居住环境除具备完善的基础设施之外，更要注重精神文化与艺术品位的建设，只有将二者结合才能形成宜居的城市，使城市成为诗意的栖居地。环境设施融入城市建设不仅可以改善城市的硬件设施、美化城市空间、方便人们的生活，同时也可以提升与丰富城市文化。积极引入环境设施设计，并探索环境设施与城市建设的有机结合，才能把城市打造成可居、可观、可游的理想环境。

（4）环境设施是提升城市魅力和竞争力的有效途径

在当代，经济已不再是衡量一座城市发达与否的唯一标准。国际、城际间的竞争越来越倾向于以城市文化为核心的综合实力竞争。尤其是在“同质化”城市时代，城市文化以及城市形象的优劣将成为决定未来城市在竞争中胜负的关键因素。

据现代城市学研究揭示，现代城市形成核心竞争力评价系统包含五个方面：实力系统、能力系统、活力系统、潜力系统、魅力系统。环境设施是城市魅力系统的有机组成部分，虽然它只是构成城市核心竞争力的一个元素，但从美化城市环境、重塑城市形象的角度来审视环境设施，其对提高城市影响力、竞争力的作用却是巨大的，甚至是决定性的。特别是在全球化的背景下，富有特色和艺术性的环境设施对于提升城市关注力、培育城市的知名度都起到举足轻重的作用。

（5）环境设施建设是提升城市居民幸福感和自豪感内在要求

古希腊哲学家亚里士多德在总结城市建设的全部原则时称：“一座城市应该建设得能够给他的市民以安全感和幸福感。”[1]人们的安全感和幸福感总是与生活环境分不开的。人与环境是一对相互影响、相互塑造、相互依存的整体。人能够创造优美的环境，反过来，优美的环境也能提升人们的幸福感、自豪感以及点燃其对家乡的热爱之情。正如英国著名建筑师理查德·罗杰斯所说，一个美丽的城市，艺术、建筑和景观能够激发想象力，提高市民精神。所以，建设像艺术品一样的环境设施，把融艺术之美、人文之善与方便实用的设施布置于公共环境之中，为城市营造一种优雅且充满诗意的环境，让终日忙碌的城市居民随时随地享受环境设施带来的心情舒畅和精神愉悦，既是建设能够提升人们幸福指数和激发人们自豪感的城市环境的内在要求，同时也是实现“使每个人有个安全的家，能过上有尊严、身体健康、安全、幸福和充满希望的美好生活”[2]的愿望所在。

---

❶ [奥]卡米诺·西特. 城市建设艺术[M]. 南京：东南大学出版社，1990：1.

❷ 转引自吴良镛著. 人居环境科学导论[M]. 北京：中国建筑工业出版社，2006：36.

第2章　环境设施设计的特征与界定

2.1 环境设施设计的特征

2.1.1 环境设施设计的公共性特征

环境设施作为一种城市家具，是放置于社区、广场、公园以及交通枢纽站等公共区域，为公众提供服务和便利的生活设施。与室内家具的个人私属性产品不同，环境设施更多的是强调大众参与的均等性与人们使用的公平性，即设施产品使用的公共性特征。这种特性主要表现为环境设施应不受年龄、性别、国籍、文化背景、教育程度以及身体状况等因素的影响和制约，而能被所有需要使用者平等地使用，这也正是环境设施区别于室内家具等私属性产品的根本不同之处。环境设施的公共性特征在设计中通常被表述为“普适性设计”或“通用性设计”，现在则较多地被称为“无障碍设计”。自20世纪60年代以来，欧美等国家更多的是使用“为大众设计”或“为所有人设计”这一提法来表述具有公共性特征的设施设计。事实上，如果将公共环境设施只简单地理解为无障碍设计，如盲道、坡道、直梯等专供行为障碍者所使用的设施，是很不全面的。公共设施的公共性设计原则应贯彻到所有具备公共特性的公共设施之中，包括任何一件放置于公共环境中的设施，设计者应具体、深入、细致地体察不同性别、年龄、行为方式和生活习惯的使用者的行为差异与心理感受，而不仅仅是对行为障碍者、老年人、儿童等人群表现出“特殊”的关照。

2.1.2 环境设施设计的识别性特征

识别性是指环境设施在视觉层面的易于辨别性和方便可读性。良好的环境设施应该在造型、色彩、结构以及主题文字上突出其鲜明的个性特征，才能保证人们在复杂的环境中快速地发现所需要的设施。如果设施与周围的环境过度融合，以至于湮灭在环境之中，需要者就很难在第一时间发现它。如果设施上的图形比例失当或说明文字含混不清，就容易给使用者带来不便，甚至是误导。所以，环境设施在形态与细节的设计上务必要尊重人的视觉以及生理与心理习惯，能够让使用者在最短的时间内找到所需要的设施，并清楚它的用途，这才是优秀的环境设施设计。

从类型学的角度来看，环境设施的识别性可以分为形态的可识别性和功能的可识别性。

① 形态的可识别性。放置于公共空间中的环境设施要注重设计的统一与对比。统一性指环境设施在形态设计上的一致性。不同类型的设施产品由于在功能和材质方面的差异，其设计并没有统一的标准。为使形态、体量和用途各异的环境设施在视觉效果上具有统一的识辨性，可以在设计上采取“异质同构”的方式，即在设计不同类型的环境设施时，通过运用近似的材料、色彩、构成元素与装饰细节，来增强同一环境中不同类型设施在视觉上的统一性（图2-1-1）。

> 图2-1-1　统一性的环境设施

对比是指环境设施要与周围环境在色彩或造型方面保持一定的差异性。通过对比可以凸显设施的存在，这样可以最大限度地提升环境设施的识别性效能（图2-1-2）。

> 图2-1-2　对比性的环境设施

② 功能的可识别性。环境设施的形态或细节形象应起到帮助人们识别出它所包含的使用模式的作用。比如，对尽可能多的使用者来说，一件公共座椅看起来应该像一个座椅，一个废物箱看起来就应该像废物箱。环境设施的功能语汇要清晰明了，不能含糊其辞、模棱两可，让使用者无法判断它的用途，否则就是失败的设计。所以，环境设施设计首先要清楚是为什么而设计、为谁设计以及为什么而使用。这三点在设施设计上都要有所体现，从而在视觉和用途上给人留下深刻的印象。

2.1.3 环境设施设计的形成性特征

环境设施作为构成城市整体环境的基本要素，它的建成周期需要经历一个相对较长的过程。期望环境设施与环境空间一同落成，并具备完善的功能几乎是不现实的。在一些规模较大的公共环境中，如景观公园、大型社区、市政广场等，从开始建设到基本形成，再到陆续添置各种便利设施需要花费几年的时间。正如美国现代景观设计之父奥姆斯特德在描述景观建设时所说的："这是如此巨大的一幅图画，需要有几代人来共同完成。"作为第四维度的时间，在公共空间环境设施的设计、形成直至完善中起到了重要的作用。

同时，影响环境设施的诸多要素又都是特定的自然、经济、文化、风俗习惯以及科学技术的产物，这些因素混合在一起就如同生活在同一屋檐下的大家庭一样，协调处理彼此的关系具有一定的复杂性。

另外，由于环境设施是供人们使用的公共产品，大多放置在室外，经年累月的使用以及霜雪雨露的侵蚀和日光的暴晒，不可避免地会导致人为损毁与自然老化的现象。加之一些公共空间由于使用性质或功能的改变，位于这些地方的环境设施自然要随着环境用途的改变而有所改变。所有这些因素都使得最终建成的公共环境设施具有一定的不确定性。

环境设施建设的长期性、复杂性与不确定性带来的问题只有一个，就是如何合理的规划、设计，使位于公共环境中的设施在随着时间变迁的更新中，既能尊重前者，又能为后来者提供范式，使同一空间中的环境设施在风格、特征以及尺度等方面具有一定的延续性和传承性，不因时间或功能的改变而使设施与环境变得格格不入。

> 图2-1-3　环境设施的整体性

2.1.4 环境设施设计的整体性特征

环境设施与公共空间和建成环境之间是一种和谐统一的整体关系。这种整体关系不仅体现在设施的造型、色彩、布局以及其他要素之间的结合方式，乃至设施的风格、细节在精神和文化方面与环境的一致性，同时也体现在各设施内容间的内联性上。通过设施与环境、设施与设施以及设施自身的协调，才能达到环境设施与所处空间的和谐统一。比如，对于某一城市公共空间中的路灯、座椅以及导视系统等设施，在其主要造型与色彩上，尽管各个街区的都各有其特点，但总体而言，又有一定的相近之处并区别于其他城市（图2-1-3）。在城市繁杂交错的各种公共空间中采用经过整体或统一设计的信息类、安全类、指示类以及休息类设施有助于提高行人、车辆的便利性、自明性以及识别性。

2.1.5 环境设施设计的适应性特征

环境设施的适应性特征指设施产品要适应人、物和环境的变化。即环境设施作为放置在特定环境和特定空间中的公共产品，它既要适应所处的场所环境，又要适应不同人群的需求，同时还要考虑当时的加工技术条件。这一点可以从影响环境设施设计的关联因素中看出（表2-1-1）。影响环境设施设计的关联性因素主要有三个方面，包括环境因素、人的因素以及设施本身。首先从环境因素来看，由于地理环境的差异导致了各地气候条件的异同，这种差异性的存在也直接影响了环境设施的设计。如我国南方温暖潮湿，北方干燥寒冷，在设施材质的选择方面就要充分考虑这一特性。以座椅设计为例，因为南方夏季高温，日照长且多雨，为了延长座椅的使用寿命以及从心理上舒缓人们对夏季的恐惧，可以选择一些耐腐蚀的材质或合成材质作为座椅等支撑设施的主要材料，并且结合遮阳（或遮雨）设施为人们提供一处荫凉的逗留环境（图2-1-4）。色彩上，也尽量选择以白色或浅色系为主。北方夏季较短，冬季漫长且寒冷，为了从生理和心理上缓解因天气造成的不适，在座椅的材质上可以选择木材、塑料、橡胶、树脂等作为主要材料。色彩也尽量以暖色系为主（图2-1-5）。其次，人是影响环境设施设计的主要因素。因为设施是为人服务、供人使用的产品，所以它的设计必须适应人的需求。人的需求主要体现在两个方面，一是生理方面，即环境设施要适应儿童、成年人、老年人以及残疾人不同人群的尺度。二是心理方面，指环境设施的形态、色彩要契合所处环境人们的风俗禁忌、生活习惯以及审美需求。最后，环境设施要适应当时的加工工艺和技术条件。无论多么精美的设计，如果超出了当时的生产条件、加工技术以及材料供应的限制也是无法被生产出来的，更遑论大批量应用于公共环境之中。所以一件能被应用且受大众认可的环境设施必定是适应上述三个条件的。

> 图2-1-4 适宜炎热地区的座椅

表2-1-1 影响环境设施的因素

<table>
<tr><td colspan="14">关联因素</td></tr>
<tr><td colspan="4">1.环境因素</td><td colspan="7">2.人的因素</td><td colspan="3">3.设施本身的因素</td></tr>
<tr><td colspan="3">自然环境</td><td>人文环境</td><td colspan="3">地域文化</td><td colspan="4">使用人群</td><td rowspan="2">功能</td><td rowspan="2">技术</td><td rowspan="2">材料</td></tr>
<tr><td>地形地貌</td><td>气候</td><td>自然资源</td><td>建筑景观</td><td>生活方式</td><td>形态</td><td>色彩</td><td>老年人</td><td>儿童</td><td>青年人</td><td>残疾人</td></tr>
<tr><td colspan="7">重要因素</td><td colspan="4">主要因素</td><td colspan="3">必要因素</td></tr>
</table>

> 图2-1-5　适宜寒冷地区的座椅

2.1.6　环境设施设计的复合性特征

美国后现代主义建筑师文丘里在《建筑的矛盾性与复杂性》一书中提出了建筑的复杂性主张。他认为，建筑以及城市不是由一种单一要素构成的，而是由许多不同性质的要素共同构成的一个具有复杂结构和矛盾形态的复合体。复杂性作为一种多样性，是城市空间各种讯息的多元化展现，所以他倡导无论是城市还是设施都要具有丰富的内涵。然而，多样性的统一并不意味着是各种构成元素的简单罗列和随意堆砌，而是要对不同功能和形式的要素加以悉心组织、有机整合与精致处理，并最终体现在单独的环境设施实体上面。从环境设施的起源和发展来看也是这样的，环境设施通常都是多种功能的复合体，如西方古典建筑的柱式、中国传统建筑的斗拱和雀替既是功能性构件，同时又是装饰性构件。

> 图2-1-6　与雕塑结合的饮水机

从人们对环境设施的使用习惯来看，公众也更希望环境设施是功能与形式的结合，如室外的直饮水池与雕塑结合（图2-1-6）；座椅与花坛、树池、搁板或户外工作台结合（图2-1-7）；城市公交站与阅报板、售货机、电子查询设备、手机充电设备、自行车架以及公共厕所相结合（图2-1-8）；空间照明或装饰灯具与公共艺术和座椅结合等（图2-1-9），使人们在解决生理需求的同时又愉悦了精神，达到两全其美的境地。就城市环境的整体设计而言，这种复合式环境设施既有利于维护城市公共空间的整体性，方便市民生活，有利于观瞻，又可以提高设施的使用效率，扩大城市空间的承载能力。所以，具有不同使用功能的复合性环境设施应该得到推广和普及，因为它可以产生更多有趣的美学效应，并且使人们能更多样化地使用城市空间环境[1]。

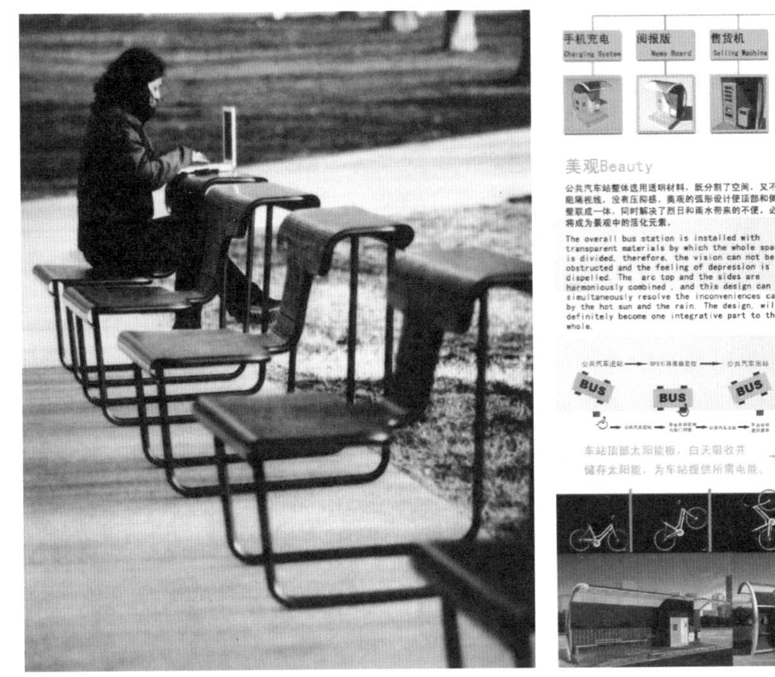

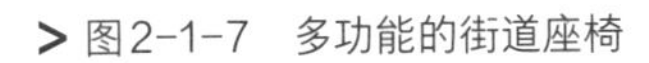

> 图2-1-7　多功能的街道座椅

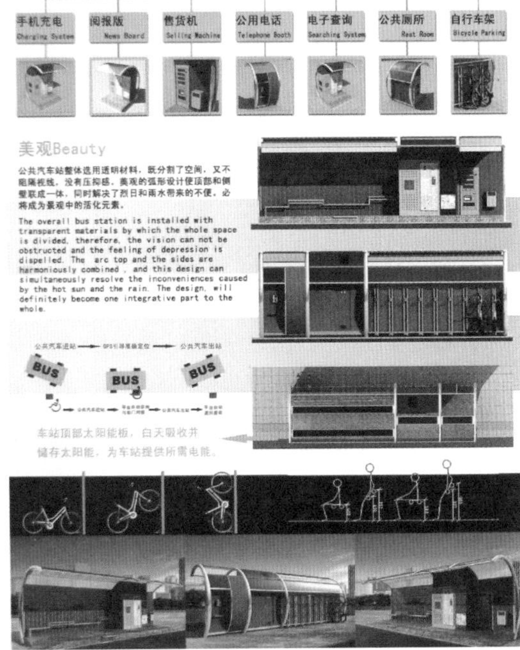

> 图2-1-8　多功能的城市公交站

> 图2-1-9　与座椅相结合的照明灯具

另外，环境设施的复合性特征不仅仅表现在功能、形式的组合上，而且也体现在功能性与装饰性、科学性与艺术性、环保性与生态性、历史性与文化性的复合上，这种多样化的统一也是未来城市环境设施设计的一个大趋势[2]。

---

[1] [丹麦]扬·盖尔著. 何人可译. 交往与空间[M]，北京：中国建筑工业出版社. 2002：151.

[2] 陈高明著. 城市艺术设计[M]. 南京：江苏科技出版社，2014：99.

2.1.7　环境设施设计的性格特征

环境设施的性格特征在某种程度上指置于特定空间的设施产品要体现该区域的场所精神。场所精神的意涵最早缘于古罗马。受泛神论思想的影响古罗马人认为“所有独立体，包括人和场所都有其守护的神灵伴其一生”。20世纪70年代末，挪威著名的建筑师、历史学家诺伯格·舒尔茨（Noberg Schulz）在《场所精神——迈向建筑现象学》一书中将场所精神的概念引申至建筑和城市设计领域。舒尔茨认为：“城市形式并不是一种简单的构图游戏，形式背后蕴含着某种深刻的涵义，每一场景都有一个故事。”置于特定场景之中并作为城市有机组成部分的环境设施必然要成为这一故事的载体，让人们在同设施的交流和互动过程中，察知环境或场所的历史、文化、功能以及用途等。

环境设施性格的体现是通过设施的造型、色彩以及布局与组织等环节的共同施策来实现的。体现场所性格的环境设施能使置身于此的人们产生不同的情绪和心理反应，从而加深对环境的理解，产生与环境相适应的行为。

研究理论表明，不同的环境设施需要具备不同的性格，而且，具备恰当性格的设施才能使环境功能得以充分发挥，所以环境设施的性格应具有与其功能相适应的特征。比如人们到商业街休闲购物，这里的街道环境是活泼、开朗的，人们可以在这里尽情释放因工作带来的压力，获得轻松、愉悦的感受。因而，这里的环境设施造型可以是夸张的、新奇的，色彩可以是明快的、醒目的，布局也可以是自由的、流畅的。但当人们来到一个纪念性广场，这里环境设施的形态、色彩就应该是中规中矩、沉稳大方的，以此来增强环境庄严、凝重的氛围。当人们进入一所医院时，医院公共空间里的各种环境设施在形态与色彩的设计上就不宜过于明快喧嚣，而应该体现出安静、理性和素雅的性格（图2-1-10）。若是儿童医院，各类设施的形态则需要呈现出欢乐、明快的性格特征（图2-1-11），以此来缓解儿童的恐惧心理。另外，置于中国传统文化空间里的各种设施在造型与色彩上要尽量体现中国传统文化的性格（图2-1-12）。而放在西方古典环境中的设施，在形态上则要具备能展现西方文化和审美的性格（图2-1-13）。所以，环境设施的设计不能盲目进行，必须要设

> 图2-1-10　医院的设施

> 图2-1-11　儿童医院的设施

> 图2-1-12　中式街道的设施

> 图2-1-13　体现西方古典环境的设施

身处地地考虑所要放置的场所的精神及特征，并在此基础上始终围绕环境设施的性格特征展开设计，才能避免设施与建成环境貌合神离、格格不入的窘境。

2.2　环境设施设计的界定

2.2.1　环境设施设计的分类方式

环境设施是一种集公共性、实用性与观赏性于一体的公共产品，不同的分类方式会导致不同的分类结果和分类形式。纵观世界各国城市环境建设的发展历史，可以明显看出，它们在进行环境设施分类时，大都是在结合本国城市规划、城市设计、城市艺术、城市空间以及景观设计的特色与法规基础上，按照用途、区域、形态、专题抑或尺度进行分类，只是有些国家的环境设施分类制定得较为笼统、宽泛，如以英国和德国为代表的欧洲国家，环境设施分类的自由度较大。

英国的环境设施大致分为高柱照明、矮柱照明、街灯、舞台演出照明、消防栓、公共汽车候车亭、室外停车场、人行天桥、道路标志、地面铺装、道路绿化、广告塔、广告牌、休息椅、栏杆等。

德国的环境设施一般分为照明、界面、屋顶、路障、栅栏、地面铺装、街头座椅、道路绿化、公共艺术、自行车架、标识牌、街头钟、垃圾箱、电话亭、橱窗、广告、邮筒、旗帜等。

日本的环境设施在分类方面充分体现了日本人行事严谨的性格特征，其设施类型制定得缜密细致，涵盖面域广泛（表2-2-1）。以上这些国家在环境设施分类方面指定的细则的虽然有些区别，但都大同小异。

表2-2-1　日本的环境设施分类

<table>
<tr><td rowspan="13">↑
福利便利
城市功能
↓</td><td colspan="2">休息</td><td>休息坐椅、饮水器、烟灰皿</td></tr>
<tr><td colspan="2">美观装饰</td><td>装饰雕塑、装饰照明、花坛、水池喷泉、瀑布、装饰计时装置、花架、绿化、盆栽、地面铺装、室外装饰</td></tr>
<tr><td colspan="2">游娱、健身</td><td>儿童游戏设施、道具、公园、健身设备、公共舞台、亭榭廊台</td></tr>
<tr><td colspan="2">庆典</td><td>彩门、彩车、旗、节日装饰照明、灯笼、临时和流动舞台，狮舞和龙舞用具、龙舟</td></tr>
<tr><td rowspan="2">情报</td><td>非商业</td><td>揭示板、标识、街道和广场计时器装置、导游图栏、路标、电子问讯台、超大型屏幕电视</td></tr>
<tr><td>商业</td><td>广告、商业橱窗、幌子、招牌、广告塔、骑楼（廊）</td></tr>
<tr><td colspan="2">贩卖</td><td>售货亭、流动贩车、自动贩卖（售货）机、检票亭（装置）</td></tr>
<tr><td colspan="2">供给、管理</td><td>电杆、公共电话亭、消火栓、排气筒、路灯、园林照明、饮水器、信筒、公厕、加油站、候车廊、变电所、水塔、卫生箱、垃圾箱、污水处理站、休息坐椅</td></tr>
<tr><td colspan="2">残疾人专用</td><td>坡道、盲文指示器、路面专用铺装、信号机、电话间、公厕、坐椅</td></tr>
<tr><td colspan="2">交通、运动</td><td>信号机、交通标识、反射镜、步道桥、停车场、传动道路、立交桥、道路、运载交通工具、道路隔离带、消声壁、水桥、公共汽车站、地铁站、隧道、地下通道</td></tr>
<tr><td colspan="2">围限</td><td>院门、墙栏、下沉式广场和庭院、绿篱、沟渠、路障、段壁</td></tr>
<tr><td colspan="2">地标</td><td>领域大门、塔楼、旗杆、喷泉、瀑布、装饰雕塑、纪念雕塑、地铁站口、隧道和地下道入口</td></tr>
</table>

与其他国家相比，我国的环境设施发展较晚，直到2000年，中国城市规划学会结合国内外环境设施建设实际，撷取城市广场、滨水景观、商业区与步行街及其铺装景观等方面的诸多设施建设案例，集结成《当代城市与环境设计》一书。2002年，中国城市出版社出版的《现代城市景观设计与营建技术》较为系统全面地介绍了城市景观设计中环境设施的类型（表2-2-2）。至此，我国的环境设施建设在充分吸收和借鉴其他国家经验的基础上，形成了趋于实用化和专题化的分类方式。

表2-2-2　我国的环境设施分类

序号	项目	内容
1	城市绿化景观	街道绿化、庭园绿化、公园绿化、广场绿化、住宅小区绿化
2	城市水景	水池、人工湖、瀑布、流水、喷泉、草坪喷灌、景观喷雾

续表

序号	项目	内容
3	城市地形	地形的改造利用
4	城市雕塑	装饰雕塑、浮雕、艺雕、石景（如假山、庭石、枯山水）等
5	城市铺地	道路铺装、广场铺装、装饰混凝土、树池树箅
6	城市界定设施	护栏、隔离栏、柱、篱、垣、实体墙、透视墙、出入口、门等
7	城市公用设施	儿童游乐设施、公共运动设施、休憩坐椅、饮水台、示牌、电话亭、候车亭、邮筒、垃圾筒、报亭、公共厕所等
8	城市夜景照明景观	艺术造型路灯、庭园照明灯（如地灯、草坪灯、水池灯）、广场照明、楼体照明、庭园照明、植物装饰照明等
9	城市建筑景观	建筑外部装饰、建筑立面景观、城市墙体壁画、建筑小品（廊、桥等）
10	城市信息景观	标识牌、广告牌、指路牌、光电标识等
11	其他城市景观	以上未能提及的城市景观及潜在的景观素材

环境设施的分类理论因研究者的研究视角、方向以及目标的不同而有所差异。在当前诸多有关环境设施分类理论的研究中，于正伦先生从景观现象维度出发，结合人的活动、自然、建筑来探讨环境设施的分类方式，为环境设施的类型研究提供了一种新的途径。他认为景观现象是环境设施向人间、自然、城市、建筑的外延与扩张，并以模型的方式阐明了彼此之间的关系（图2-2-1）。在这个关系模型中，景观现象（Ⅲ）、环境设施（Ⅱ）和基本环境设施（Ⅰ）是一种依次包容的关系。环境设施在众多复杂的关系网络中成为联系建筑与城市环境、自然与人类行为（人间活动）关系的纽带和桥梁。依照此种方式来探讨环境设施的分类，最终会形成一种跨学科、跨门类的系统性、综合性的分类形式（表2-2-3）。这种将城市景观与环境设施相结合的类型方式也正好契合了当代颇为流行的“跨界设计”现象。

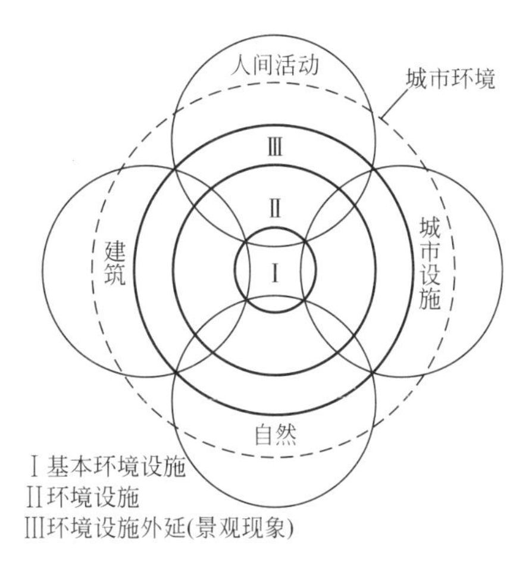

> 图2-2-1　环境设施的构成

表2-2-3　环境设施的分类

趋向	项目	序号	分类	内容元素
城市	城市设施	1	桥	街桥（人行天桥）、高架桥（立体交叉）、水桥（斜拉桥、吊桥、桁架桥、拱桥、梁板桥）
		2	塔	广播电视塔（观光塔）、水塔、专业演习塔、指挥塔（灯塔）、塔式停车楼
		3	道路	道路的等级及构成和分类、道路基本内容和设施、路缘石、边沟、步行道边坡和开口、交通入口（隧道、地下通道）、道路设备
基本设施	基本环境设施	4	地面设施	地面铺装、凹院和台地、踏步和坡道、树箅和盖板、地面建筑设施（露天自动扶梯、采光通风井、冷却换气塔）

续表

趋向	项目	序号	分类	内容元素
基本设施	基本环境设施	5	控制设施	墙栏（墙 栅 篱 垣 栏）、段墙和护柱、沟渠、防音壁、挡土墙（护土坡）、柱列和景窗、大门
		6	服务设施	邮筒、音箱、电话亭、自动售货机（服务机）和流动售货车、坐椅、饮水器、自行车架、汽车停放架、卫生箱、烟灰皿、垃圾箱
		7	无障碍设施	通道、休息场所、坡道、公厕、公用设施、公共建筑、专用国际标志、专用停车场
	基本设施/城市装饰	8	城市照明	道路照明、装饰照明
	城市设施/建筑外延	9	大门	院门、领域大门、隧道入口、地下通道入口（地铁站入口、室外电梯入口）
自然	城市装饰	10	城市装饰	城市雕塑、壁饰、计时器、石景、民俗祭典设施（幡旗、戏台、祭坛、龙舟、石舫、石狮、石晷、彩楼、墓碑）、装饰照明
		11	绿景	树木、草坪、花坛、屋顶花园
		12	水景	喷泉、瀑布、水池、水道
人间活动	人间活动与信息	13	游乐健体设施	游戏设施、娱乐设施、健体艺演设施
		14	广告看板	广告、看板（告示牌、报栏、橱窗）、路牌、大型视屏、问路器
		15	标识	领域标识、环境标识（名称标识、指示标识、环境标识）、交通专用标识（信号机、路牌、标识板、路面标记）、幡旗（旗杆）
		16	景观外延	民俗与庆典用具（灯笼、龙舟、彩车、彩门、气球等）、祭坛、陵墓
建筑	建筑	17	小品建筑	候车廊（站舍、船屋）、步廊（檐廊）和路亭、公厕、服务商亭、交通入口建筑（地铁入口、地下道入口）、加油站（公路收费站）其他小品建筑、临时建筑（吊装、折叠、充气建筑）
		18	建筑外延	雨篷（门廊、门斗）、烟囱、瞭望台（钟楼）、过街楼、橱窗、阳台、外墙装饰、连廊、风向标、大门
		19	建筑内延	楼梯、绿景、水景、石景、路灯、雕塑、壁饰、小品建筑（柱廊、商亭等）、民俗与祭祀用品
综合设施		20	其他	景观与建筑外延、多功能综合设施、特殊用途和最新设施、陵墓

2.2.2 环境设施的评价标准

环境设施建设是一个由多重因素共同促成的结果，所以，当评判一个建成区域内的环境设施优劣与否时，其标准也是多元的。不同的人由于所采取的立场、角度、方法的不同，判别环境设施的标准也会大相径庭。比如建造者往往倾向于设施的耐用性，投资者则倾向于设施的经济性、使用者会倾向于设施的便利性，而游客则更多倾向于设施的审美性等。尽管评价标准和视角仁者见仁、智者见智，但总体而言，辨别建成环境中的设施是否合理、合适，其标准大致包括五个方面的因素，即坚固、实用、经济、美观、生态五原则。

自设计产生的那一刻起“坚固、实用、经济、美观”等原则就如影随形地萦绕在设计身边，古今中外皆是如此。早在古希腊时代，柏拉图就提出器物设计要具备“真、善、美”三位一体的价值。“真、善、美”本质上就是“效用”（或曰“实用”）与“美观”的统一。古罗马时期维特鲁威在《建筑十书》中首次明确提出设计要“坚固、适用、美观”的原则。维特鲁威的追随者、文艺复兴时代的建筑师兼理论家阿尔伯蒂在其著述的《建筑论》中进一步阐扬了坚固、适用、美观的内涵及其相互之间的关系。他认为：“所有的建筑物，如果你认为它很好的话，都产生于‘需要’，受‘适用’的调养，被‘功效’润色；赏心悦目则是在最后考虑。那些没有节制的东西是从来不会真正使人赏心悦目的。”他又说：“我希望，在任何时候，任何场合，建筑师都要表现出把实用和节俭放到第一位的愿望。甚至当做装饰的时候，也应该把它们做得像是首先为使用而做的。”早期的无论是思想家还是设计师们所倡导的这些评价原则，虽然主要是针对建筑设计的，但时至今日并不过时，依然可作为评价环境设施优秀与否的基本准则。

① 坚固：坚固应该是环境设施的第一要务。由于环境设施是放置在室外，供人们使用和消费的公共性产品，每天要与人们不停地接触，加之各种天气的侵蚀，长此以往，自然或人为耗损是不可避免的。这就需要此类产品必须要坚固、耐用，否者就有可能给使用者造成潜在的危害。所以，我国清代学者李渔在《闲情偶寄》中论述建筑装饰时就提出，“窗棂以明透为先，栏杆以玲珑为主。然此皆属第二义；其首重者，止在一字之坚，坚而后论工拙”。这就是说，在所有设计的价值和评判标准中，坚固是第一位的。

② 实用：环境设施最大的特征是它的实用性，即能够满足人们在某一方面的需求。如果环境设施不实用，无论其品质多高，它都没有存在的价值和意义。所以，评价一件环境设施的优劣首先还要从实用的角度去看它是否符合人的基本尺度，是否能解决人的某种需求以及是否能为人的行为提供便利。

③ 经济：经济性是评价环境设施设计的主要指标之一。由于环境设施是属于批量生产和大量布置的公共产品。若要使环境设施能够大量施用于公共空间之中，其经济性是必须要考虑的。首先，如果造价昂贵就无法实现普及性的布局和应用。其次，公共性产品是一种易耗品，受人为以及自然损毁因素的影响，这类产品需定期维护、保养或更换，如果经济成本过高，必然会阻碍设施的后续发展和建设。所以，物美价廉、经济适用是评价环境设施设计的一个重要指标。

④ 美观：美观指环境设施看起来必须赏心悦目。放置于公共空间中的环境设施不仅要能够满足人们的审美需求，同时亦要能够对所处环境起到装饰和美化作用。特别是在“以貌取人”的关注力时代，缺少美的意涵的环境设施，给环境带来的只能是视觉污染或心理戕害。

⑤ 生态：生态性是当代最为流行，也是最为重要的一个设计评价准则，是针对当今时代资源枯竭、环境污染等社会现实所提出的一项设计原则。引申到环境设施设计方面，即在评价环境设施设计的优劣时就要看它是否遵循了Reduce（减少使用）、Reuse（再生利用）、Recycle（循环使用）、Renewable（更新利用）这4R原则以及可持续性等生态设计原则。

第3章　环境设施的功能及设计原则

3.1 环境设施的功能

环境设施作为放置在公共环境之中，供人们使用的具有公共属性的环境产品，实用本是它的第一要务。但随着社会的发展以及人们生活水平的提升，人们对于生活设施的要求已不仅仅局限于实用的层面，而是对其有了更高的诉求。诚如墨子所说："食必求饱，然后美，衣必常暖，然后求丽，居必常安，然后求乐。"这是人的基本需求规律，所以，环境设施的设计必须要遵循人的生理及心理需求。从这一方面来看，环境设施的功能主要涵盖两大部分，其一是满足生理需求，即具备适用或好用条件的使用功能；其二是满足心理需求，即具有装饰性和妆点性的审美功能。

① 使用功能存在于设施自身，直接向人们提供使用便捷、防护安全的服务及信息咨询等功用。它是环境设施外在的、首先为人所感知的功能，因此也是环境设施的第一功能。如道路、广场、水岸周围的护栏、护柱以及隔离等设施，其主要功能是引导车辆、行人遵守秩序、恪守规则，各行其道，避免因越界而发生危险。道路两侧的路灯主要功能是为夜间行驶的车辆及人群提供照明，引导车辆行人安全通行就是路灯存在的最大价值。商业街、社区以及广场上的座椅的主要用途是为在此购物、休闲的人们提供休憩、娱乐以及聊天之用（图3-1-1）。

② 环境设施在满足使用功能的同时还肩负着点缀和美化环境的职责。这一职责包含两个层面的含义。其一是单纯的艺术处理，即环境设施在设计之初就注重它的造型、色彩、质感以及肌理等美学要素的处理，从而使生产出来的设施不仅是一种工业产品，同时更像是一件艺术品，放置于公共环境之中可以对环境起到衬托或点睛之功效。其二是与环境的呼应和对环境氛围的烘托，即某一特定的公共空间在整体设计时就系统考虑其中的环境设施的设计，使制作出来的设施产品能与建成环境在风格与地域特性上保持一致。一般而言，环境设施的装饰性功能虽然是第二位的，但对于某些街道、广场以及以独立观赏为目的的空间而言，它的装饰性功用则又会超越实用性功能而跃升为第一要务。如广场中的照明灯具、城市街头的钟表，照明或指时已不是主要功能，其存在的目的主要是点缀和渲染环境氛围。某些时候因其所处的地理位置及其自身的艺术形象，这些设施已不仅仅是美化环境，而是升华为一个公共空间、区域乃至城市的标志物（图3-1-2）。

> 图3-1-1　街道场景

> 图3-1-2　装饰性街灯和街头钟

环境设施的功能性特征除了实用和美化两大主要功能之外还有另外一种功能——意象性功能。环境的意象性功能指环境设施通过其形态、数量、空间布局方式等对环境起到补充和强化的作用。以路灯或护栏为例，它们本身就是必须通过组合共同发挥作用的设施，需要借助行列及群组的方式才能完成对车辆和行人等交通空间的照明，或是对运行方向起到引导作用。环境设施的这一功能是仅次于前两种功能的附属性功能。这往往通过设施自身的形态构成，加之与特定的场所环境的相互作用而强化出来[1]（图3-1-3）。

> 图3-1-3　成组的路灯

上述这些是环境设施的总体性功能，也是评价一件环境设施设计和施用是否合理、合适的重要准则。另外，由于不同类型的环境设施在公共环境中所发挥的作用与功效不同，而它的功能往往又是通过某种具体的方式表现出来的，如借助设施的控制、保护或辅助等功效来

[1] 于正伦著. 城市环境创造[M]. 天津：天津大学出版社，2003：6.

实现对人的生理、心理和社会行为的规范与引导，所以若从这一方面来看环境设施的功能性要素，则可以具体细化为以下六个方面。

3.1.1 环境设施的防护功能

防护性设施指公共环境中为保护某一区域行人、车辆的安全或规范人、车的行为而设置的一些设施，如围墙、绿篱以及交通线等。防护性设施依据其材质、高度、连续性以及穿行比率的不同，可以分为三种类型：

① 硬性防护设施。硬性防护设施是公共空间中防护效能最强的一种设施。这类设施主要是采用砖石、水泥或金属等质地坚硬的材质，从而具有抵御粗暴使用的能力。硬性防护设施通常布置于人流、车流较大的道路两侧或滨水区域（图3-1-4）。其高度依据实际环境的不同，一般为0.6 ~ 1.5米。

> 图3-1-4 硬性防护设施

② 柔性防护设施。与硬性防护设施具有强行隔离的作用相比，柔性防护设施的作用不在于隔离而是规限，即规范和限制人、车的行为，使其做到遵守公共秩序或保护环境。这类环境设施通常是由木材、橡胶、树脂、绳索、布幔组成的栏杆或绿植构成的花池、花境等（图3-1-5）。其高度通常为0.3 ~ 1.2米。

> 图3-1-5 柔性防护设施

③ 虚拟性防护设施。如果说硬性和柔性防护设施是从生理上或物质上阻离人、车的行为，虚拟防护设施则是从视觉或心理上对人的行为进行规劝。这类设施最大的特点是不设置实物，而是通过地形、材质、色彩的差异以及图形文字等虚拟的防护形式来阻止人、车的逾越。如凹凸不平的路面、地面上特殊的图案以及警告标识等都属于虚拟类防护性设施。在一些设置实体路障或护栏的区域，防护设施之间也并不用阻拦索将其连接，这些护栏只是作为一种心理上防护或阻拦（图3-1-6）。

> 图3-1-6 虚拟性防护设施

3.1.2 环境设施的划分功能

公共空间由于其使用性质不同而会形成许多不同类型的空间形式，如广场环境通常被划分为开敞空间、封闭空间、半封闭空间、静谧空间和流动空间等形式。不同类别的空间往往需要一些环境设施将其分割开来。这类具有分隔空间作用的设施通常为间置的绿篱、座椅、隔离墩以及艺术品等。由于此类设施本质上并不是为了隔绝空间，而是为了丰富空间形式来满足不同人群的需求，所以，它并不阻拦人车的通行。在形式上，除一些实体性的设施可以划分空间外，地面的铺装通过其色彩、肌理、材质以及地面高差的不同，也可以起到划分空间的功能（图3-1-7）。

> 图3-1-7　环境设施的划分功能

3.1.3 环境设施的标识功能

标识性功能又被称为标志性功能或存在性功能，指存在于某一场所或区域内的环境设施要能够起到一种标示环境特征或区域特色的作用，并以此来展现设施本身及其所处空间环境的存在感。凯文·林奇在《城市意象》中提出，人们对一座城市印象的感知是基于五个方面元素形成的，即道路、边界、区域、节点和标志物。标志物作为一种散点状的参照物，是陌生人对新环境感知与记忆的起点和第一标志，它通常是一个定义简单的有形物体，如建筑标志、橱窗或绿树，再如街道上数不清的广告牌、街头钟、路灯、座椅、井盖，甚至是门把手之类的城市细部，只要它们是观察者视觉感知的组成部分，且形态或色彩独具特色，能与周围的环境形成对比，就可以成为该环境的标志物。环境设施的标志性经常被用作确定场所身份或行走路径的线索。当人们处在一个不熟悉的环境中，往往会首先确定一个有特点的构筑物，作为环境参照物，以免在错综复杂的交通环境中迷失方向。如天津的“解放桥”、巴黎的“埃菲尔铁塔”就是来此参观的人们辨认方向、确认环境的一个重要标志物（图3-1-8、图3-1-9）。未来随着人们对旅游的热衷，城市对环境设施的标识性功能的依赖程度也将会越来越高。

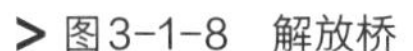

> 图3-1-8　解放桥

> 图3-1-9　埃菲尔铁塔

3.1.4　环境设施的便捷功能

便捷是环境设施的重要功能。这里所谓的便捷包含两个层面的内容，其一是设置的合理性。即公共场所中环境设施的设置要从人的使用需求出发，如商业街或步行街道路两侧要在适当的距离内建电动车停靠站、公共厕所、座椅、盥洗处、垃圾箱以及遮阳篷等设施，以此来方便人的使用需求。其二是设计的合理性。即环境设施的尺度、比例、色彩要满足人的生理尺度和使用习惯。如公园内指示牌的高度要与人的视点相适应，不能过高或过低，图底关系对比要明显，才能让使用者方便快捷地获得所需的信息。这些人性化的设置和设计不仅体现了对人的关怀，同时也充分考虑到了人的行为特点，给人们的行为活动提供了最大限度的便利性。

3.1.5　环境设施的承载功能

环境设施的承载功能具有两个方面的涵义：一是物质性承载功能，即环境设施要具备一定的使用功能来满足人的各种生理需求。二是非物质性承载功能，即环境设施要能够起到展现地域文化和历史文脉的作用。这里所探讨的环境设施的承载功能主要指它的文化承载功能。文化是一个国家或一座城市的历史、传统、风俗与生活状态等非物质因素在漫长的历史演进中的沉积，以及在城市空间形态、建筑风格、环境设施和艺术品中的凝聚与烙印。文化并非短暂的虚华之物，它是在岁月的跌宕起伏中形成的延绵不绝的文脉符号，是国家和民族的灵魂及其特立独行精神的体现。独特的文化已经成为一个国家或地区获得永续发展的动力源泉。据哈佛大学2004年的一项研究报告表明："世界经济正向有深厚文化积淀的城市转移。"在同质化的时代，探索文化以及凝练文化特色已成为城市未来发展的趋势和方向[1]。

城市的文化作为该地区居民的生活方式、行为习惯、审美思潮、意识形态以及价值观念

---

[1] 陈高明著.城市艺术设计[M]，南京：江苏科技出版社.2014：99.

的反映，就像一面镜子映像过去，照射未来。而且这种文化所具有的地域性、时代性、综合性特征是任何其他环境或者个体事物无法比拟的，“这是因为在城市空间中包含了更多反映文化的人类印迹，并且每时每刻都在增添新的内容”[1]。环境设施作为放置于城市公共空间中供人们使用的物品，往往容易成为体现一个城市、地区文化的象征。西班牙巴塞罗那电视塔、巴黎的地铁站入口等已经成为以这些地区和国家的文化标志（图3-1-10、图3-1-11）。伊利尔·沙利宁曾说：“让我看看你的城市，我就能说出这个城市居民在文化上追求什么。”这不仅说明文化对城市的重要性，同时也阐明了具有文化性的环境设施对提升城市城文化品质乃至重塑城市文化形象将具有不可替代的作用。环境设施的文化性设计手法是将能体现该地区市民生活特征或社会文化模式的“符号”集中起来，通过明喻或暗喻的方式融于设施的结构、造型或色彩之中，在于无声处来传达历史信息，展示地域文脉。

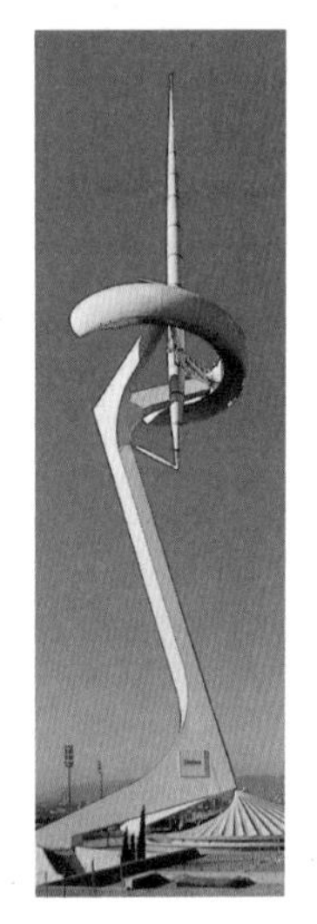

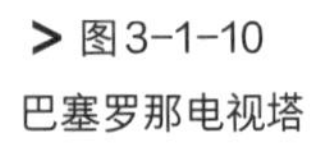

> 图3-1-10
巴塞罗那电视塔

> 图3-1-11　巴黎地铁入口

3.2　环境设施设计的原则

3.2.1　环境设施设计的人性化原则

人是城市环境的创造者和最终使用者。城市公共空间中的环境设施必须考虑人的需求，以人的行为和活动为中心，把人的因素放在第一位。环境设施与其使用者相比，它的设计宗旨应突出人，而不是设施自身。任何过分夸张、喧宾夺主以及忽视人的生理及心理需求的设计，都是对人性化原则的违背。

---

❶ 钱健，宋雷著.建筑外环境设计[M]，上海：同济大学出版社.2001：13.

长期以来，人性化设计被各设计领域奉为圭臬，环境设施设计亦是如此。在环境设施设计中，人性化原则主要体现在五个方面：其一是适宜的空间尺度；其二是合理的人体尺度；其三是恰当的感官尺度；其四是惬意的心理满足；其五是使用的普适性。

（1）适宜的空间尺度

心理学研究认为，我们每个人都生活在特定的空间之中，而且围绕个人会形成一个有限的空间，这个有限的空间就是指人际间适当的距离尺度。适当的空间尺度会让人感到惬意、愉快，而失当的空间尺度则会引起人激动、紧张抑或焦虑等心理反应。所以个人空间通常被描述为隐蔽的、恬静的和看不见的东西。但每个人每天都要拥有它、使用它，都离不开它。萨默（R · Sommer）将个人空间定义为："围绕一个人身体的、看不见的界限，而又不容他人侵犯的一个区域。"从这个定义当中可以看出个人空间有四层涵义，首先个人空间是稳定的，同时又会根据环境变化而有所伸缩；其次是非个人的，而是人际的，只有当人与人之间发生交往活动时才存在；其三是距离性的，它通常与人的角度和视线有关；其四是非此即彼性的，要么侵犯别人，要么被别人侵犯❶。

霍尔进一步把这种人际距离予以量化。从亲密程度出发，霍尔将人与人之间的空间尺度划分为8个等级，每一等级都向当事人提供了不同的感知信息。每一等级又都表明了当事人之间的细微关系。而这八个等级又分为四个组，各组由近距与远程组成（图3-2-1）。

亲密距离（0 ~ 0.45米），是一种表达温柔、舒适、爱抚以及激愤等强烈情感的距离。

个人距离（0.45 ~ 1.30米），是亲近朋友或家庭成员之间谈话的距离。

社会距离（1.30 ~ 3.75米），是朋友、熟人、邻居、同事等之间日常交谈的距离（由咖啡桌和扶手椅构成的休息空间布局就表现了这种社会距离）。

公众距离（大于3.75米），是用于单向交流、演讲或者人们只愿意旁观而无意参与的这样一些较为拘谨场合的距离❷。

从上述人与人之间存在的空间尺度可以得知，距离与尺度是否适当，将会直接影响到人们对环境设施的接受程度。在尺度适中的城市和建筑群中，窄窄的街道、小巧的空间，这些温馨宜人的城市环境使人们在咫尺之间便可以

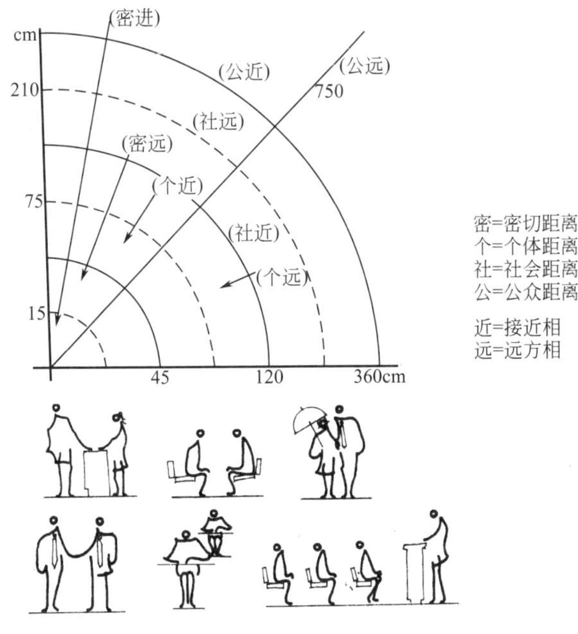

> 图3-2-1　人的距离尺度

---

❶ 常怀生编著. 环境心理学与室内设计[M]. 北京：中国建筑工业出版社，2000：80.

❷ [丹麦] 扬 · 盖尔著. 人性化的城市[M]. 北京：中国建筑工业出版社，2012：47.

深切地体味设施的造型、质感、肌理散发的美感。反之，那些存在于巨大广场、宽广街道中的设施的细节则容易被人忽略。

（2）合理的人体尺度

环境设施既然是供人使用的，那么人将成为环境设施设计的主体。一切设施的尺度设计都必须要围绕适宜人的使用为核心。适宜人的使用，本质上也就是符合人体的基本尺度和人体活动所需要的空间尺度。

人体尺度和人体活动所需的空间尺度是环境设施设计的主要依据。环境设施作为服务于人的公共产品，它的空间尺度必须满足人体活动的要求，既不能使人活动不方便，也不应造成不必要的空间浪费。环境设施中的街道座椅、垃圾箱、广告牌、候车亭、公共厕所以及交通护栏等这些作为承载或规限人的行为活动的设施，其设计尺寸和布局方式都和人体尺度及其活动所需空间尺度有着密切的关系。所以，环境设施的设计离不开对人体尺度和人体活动所需空间尺度的把握。

从测量学的角度来看，人体尺度可分为两类，即构造尺度和功能尺度。

构造尺度指静态的人体尺度，是人体处于固定的标准状态下的尺度，如手臂长度、腿长度、座高等（图3-2-2）。它对与人体关系直接、密切的器具，如座椅和游乐设施（图3-2-3）等的设计提供数据支撑。

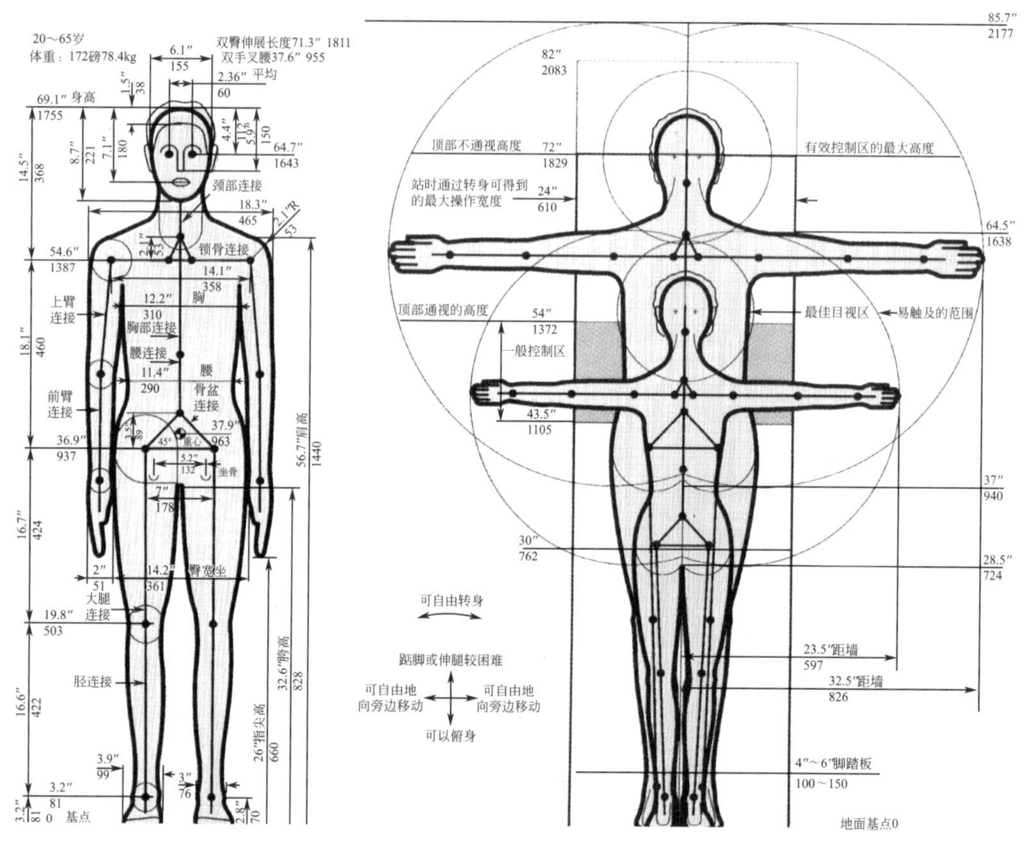

> 图3-2-2 人体尺度

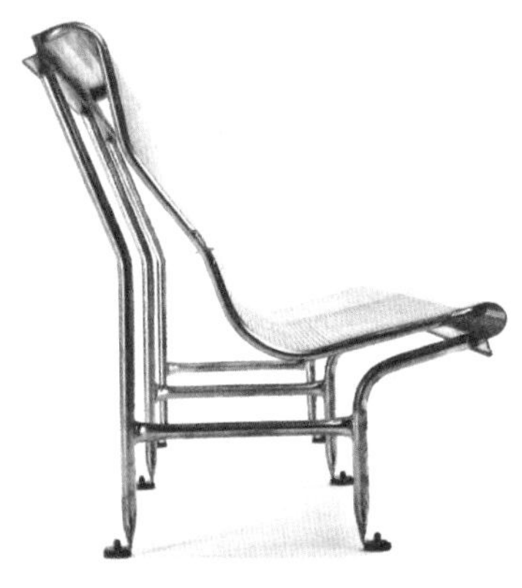
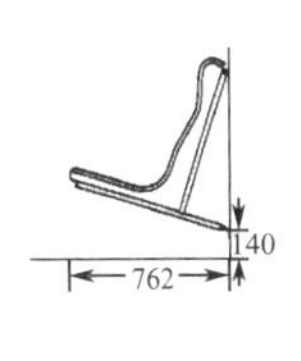

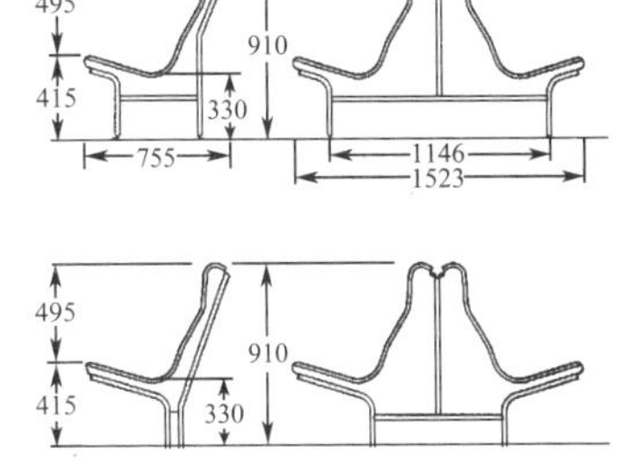

> 图3-2-3　座椅的尺度设计

功能尺度指动态的人体尺度，是人在进行某种功能活动时肢体所能达到的空间范围，包括由关节的活动、转动所产生的角度与肢体的长度协调产生的范围尺寸。它对于饮水机、垃圾箱以及自动售货机等这类需要一定空间活动范围的设施设计具有重要的参考意义（图3-2-4）。

（3）恰当的感官尺度

环境设施的人性化不仅体现在建立合理的空间尺度与人体尺度，同时还要综合考虑人的感官感受。人的感官可以分为“距离”感官如看、听与闻，以及“亲近”感官如肤觉与品尝。在人与人、人与物的接触中，不同的距离、尺度以及位置会直接影响人对环境的感知。人类学家爱德华·T·霍尔在《隐匿的尺度》一书中详细分析了人的感知方式与体验外部世界的尺度。他提出，视觉作为一种距离型的感受器官，它对外部环境信息的接受要受主、客体之间距离的制约。其中，300 ~ 500米是人能辨别物体形态和轮廓的极限距离，在这个距离区间人只能依稀能识别远处物体的大致轮廓；70 ~ 100米是清晰感知周围环境的最远距离，超出这个距离，人对环境的记忆与感知就会变得模糊；50 ~ 70米是人察知物体特征的有效距离，在这一尺度内人可以看清物体的形态和色彩等外观特征；30 ~ 35米是感知物体表面特征的有效距离；20米以内由于其他感知器官的补充就能够清楚地感知到物体的细节。扬·盖尔在《人性化城市》一书中曾以具体的人像为例诠释了随着距离变化，人的视觉感知由远及近所呈现出的不同细

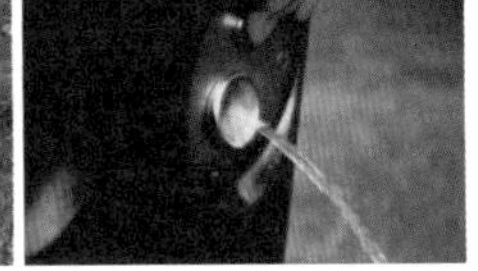

> 图3-2-4　饮水机的人体尺度

> 图3-2-5　人的视觉感知距离

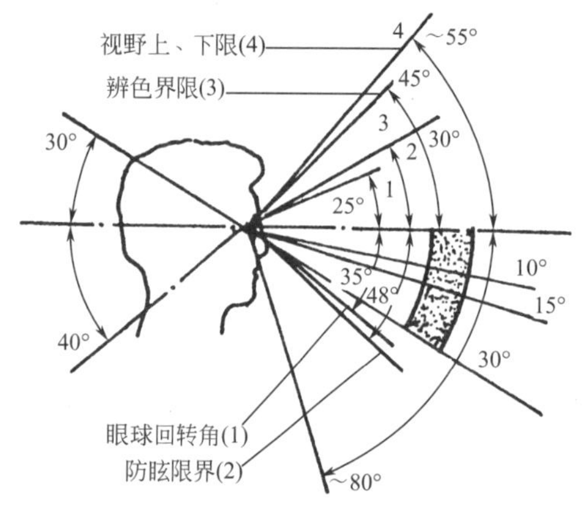

> 图3-2-6　人的垂直视野

节变化（图3-2-5）。

影响人的视觉距离感知的因素不仅有距离的因素，同时还有角度的因素。人的眼睛由于受特殊的生理结构所限。无法形成一个360°的视野范围。在水平面方向，人的双眼合成视野为60°，中心明晰视野为12°，开阔的合成视野只能粗略地察知周边景物，而能够非常清晰明确地辨别物体的中心视野则只有1°。在垂直方向，人的眼睛能够看到视平线下方70°～80°的范围，向上看视觉角度仅限于50°～55°，而人能够准确判断物体的垂直角度大概在视平线上下10°范围内（图3-2-6）。

听觉作为“距离”感官的一种存在形式，它的感知灵敏度要逊于视觉感知。距离为50～70米时，人们只能听到大声喊叫的声音，如求救声等；35～50米时，人们能够进行大声的单向交流，如课堂、教堂或舞台演讲；20～25米时，能够进行简单的信息交流，但真正的会话无法实现；0.5～7米是人们进行轻松语言交流的距离。

依据霍尔的研究，将人的视觉感知和听觉感知绘制成感官尺度示意图，可以更为清晰地标示出不同距离下人对物体的感知程度[1]（图3-2-7）。

既然感官的变化会直接影响到人们对环境的感知，在环境设施方面就可以充分运用人的感官感知特点来丰富人对环境的感知，一般可以通过四种途径来实现：其一是利用环境设施的布局及其空间序列来增加环境感知的丰富性；其二是利用环境设施的造型、色彩、明暗以及布局间距对比来获得环境感知的丰富性；其三是利用视觉元素大小、数量以及排列疏密的变化获得环境感知的丰富性；其四是利用视距、听距的变化来提升环境感知的丰富性。

（4）惬意的心理满足

在同一公共环境中，为什么相同的环境设计有的利用率高，而有的利用率低？虽然有些设施造型、色彩、肌理以及尺度都是宜人的，但为什么无人问津？究其原因，这并不在于设

---

[1] 人体肩宽2ft（1ft=30.48cm），身长6ft；面部全貌1～2ft（30～60cm）；杨臂触及距离3ft（90cm）；上体姿态4～6ft（1.2～1.8m）；坐态全貌7～16ft（2.10～4.90m）；会话距离＜10ft（3.00m）；唇动可见距离＜12ft（3.70m）；站立全貌16～20ft（5.00～6.00m）；表情模糊＞16ft（5.00m）；可区辨笑颜＜24ft（6.00m）；认识表情的最大距离40ft（12.00m）；认识面部的最大距离80ft（24.00m）；分清动作的最大距离450（140.00m）；大量信息处理的距离＜900ft（280.00m）；可区别人物的最大距离4.000ft（1200.00m）；充分利用人力通信（狼烟、烽火）的距离＜5400ft（1650.00m）。

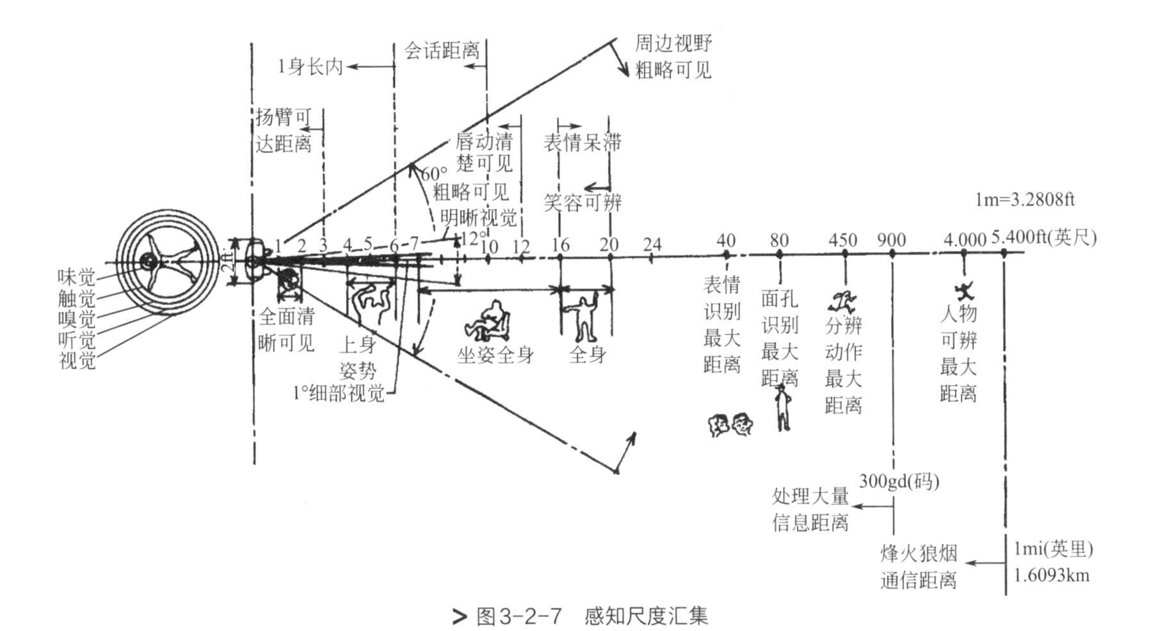

> 图3-2-7　感知尺度汇集

施形态及其尺度等物质设计层面，而是设计心理层面的缺失，即环境设施的位置及其布局未能满足大众心理。现代心理学研究表面，在公共空间中人的行为会受两种心理反应的影响和制约：一是边角效应心理；二是捷径效应心理。

边角效应源于人们对安全和隐私保护的本能反应。在陌生的环境中，人们趋向于选择较为隐秘、安全且视野开阔的角落作为驻留和休息的地方。如在火车站、机场、广场、公园以及步行街中等待的人们，总愿意选择靠近围墙或柱子这类远离人们行走路线的区域作为驻留或就座的地方。日本的研究机构曾对车站和机场这类公共空间进行了类似的模拟实验，并绘制了人们选择倾向示意图（图3-2-8）。从这张图中可以看出，人们总是设法站在视野开阔而本身又不引人注意的边角地带，以免受到别人的关注和干扰。根据人的这一心理需求，放置在公共空间（公园、步行街）中的座椅，要提高其利用率应尽量摆放在靠近道路或围墙等边缘地带，且能够清晰观察到周围的活动情况（图3-2-9）。

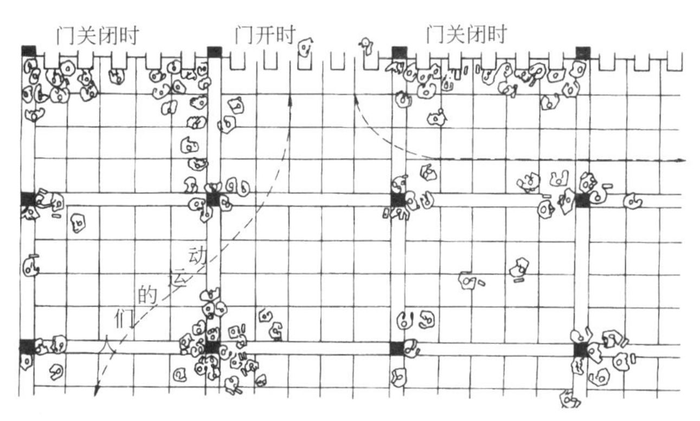

> 图3-2-8　边角效应行为倾向图

> 图3-2-9　公共空间中座椅的设置位置

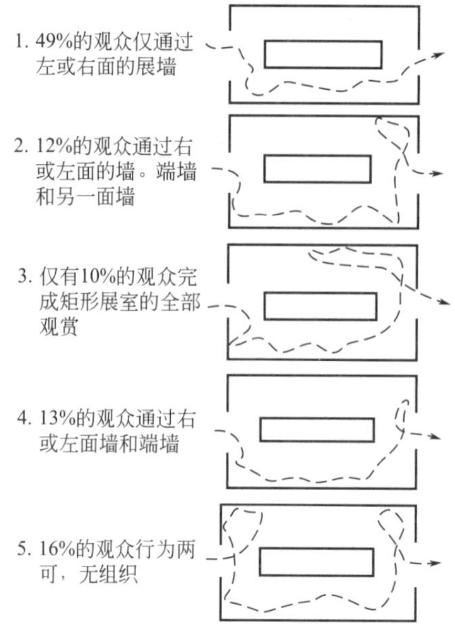

> 图3-2-10 捷径效应行为倾向图

捷径效应指人在穿过某一公共空间时，总是尽量采取最短的路线，即便有障碍物的阻拦，也无法杜绝此类行为的出现。环境行为学研究者曾以展厅为例对人的捷径效应心理进行了研究（图3-2-10）。在外部公共空间中，捷径效应的现象层出不穷。比如，社区中穿越公共绿地或横跨隔离带现象，都是受人的捷径效应心理影响而产生的行为。这种行为很难阻止，但可以通过设计进行引导。即在适当的位置开设出入口，并以铺装和护栏等形式将其确定下来。这样做不仅可以引导人的行为，同时也可以最大限度地满足人的捷径心理需求（图3-2-11）。

> 图3-2-11 依据捷径效应设置的园路

（5）**使用的普适性**

使用的普适性即环境设施要适合于所有在公共空间活动的人使用，包括老弱病残孕等弱势群体。就这一方面而言，使用的普适性在某种程度上可以理解为设计的无障碍性。如在公共空间设置可供健全人与残障人皆可使用的坡道、扶手（图3-2-12）；在交通要道、候车亭或台阶处设置提醒设施标识（图3-2-13）；在公共环境设置供公众在紧急情况下使用的求救设施或警报装置等（图3-2-14）。或许这些设施的使用率并不高，但它们的存在与否，却标志着一个城市的文明程度，体现着该地区对生命和人性的关怀与尊重。

> 图3-2-12 坡道及扶手

> 图3-2-13　提醒设施标识

> 图3-2-14　紧急求救设施

3.2.2　环境设施设计的安全性原则

环境设施的安全性是指放置在公共空间供人使用的设施产品在尺度、肌理与细节设计方面应能满足人的基本生理需求，以免给使用者造成安全隐患。如在道路铺装设计方面，所采用的材质不仅要耐用，而且要具有一定的防滑性，以防行人在雨雪天气时因道路湿滑而跌倒。在座椅设计方面，户外座椅的结构连接处以及扶手转角等部位尽可能采用圆角的形式，以免突兀的直角对人体部位造成伤害（图3-2-15）。

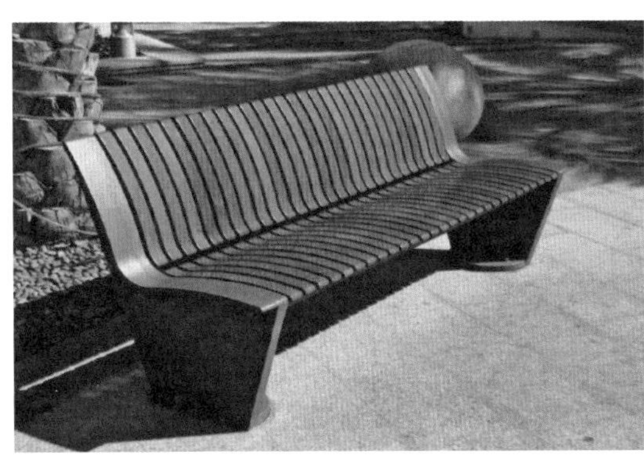

> 图3-2-15　户外座椅的细节设计

3.2.3　环境设施设计的艺术性原则

环境设施的艺术性指通过造型、色彩、质感、肌理以及构成方式和布局方式的设计，使环境设施在视觉上所呈现出的一种美学意象。美是人与生俱来的本性需求。著名心理学家马斯洛认为，从生物学意义上，人需要美正如人的饮食需要钙一样，美有助于人变得更健康。鸟语花香、景色宜人的环境能促进人的荷尔蒙分泌，平缓人的心情，抑制其冲动。空气污染、声音嘈杂的恶劣环境则会加速人的心跳，导致极端情绪的发生。所以，美国城市规划专家弗里德里克 · 吉伯德说："城市中的美是一种需要，人不可能在长期的生活中没有美。环境的秩序和美犹如新鲜空气，对人的健康同样重要。”环境设施作为城市元素，对营造美的城市环境具有重要意义。所以，出现在公共空间中的每一件环境设施都必须是美的和具有艺术性的。要设计出美的、具有艺术性的环境设施，需遵循以下几点美学原则。

（1）对称与均衡

对称与均衡是环境设施设计中最常见、最符合人们普遍视觉习惯与审美心理的一种形态构成方式。对称的形式在机能上可以取得力的平衡，在视觉上会使人感到完美无缺，在精神上给人以稳定、安宁和满足感。因此对称给人的感觉是秩序、庄重、严谨，呈现一种安静平和之美（图3-2-16）。

> 图3-2-16　对称美的环境设施

（2）重复与变化

重复与变化体现在形式上的连续性与秩序性，这会在人的视觉中形成一种视觉美——整齐、有序。若把这种秩序美加以集中和夸张，有助于突出其美学效能。这一方式在环境设施的构成形式和排列方式上经常被大量使用（图3-2-17）。

> 图3-2-17　重复与变化美的环境设施

（3）节奏与韵律

节奏与韵律率指将环境设施的基本形、基本元素等构成形式或环境设施的布局方式，按照一定的规律（直线或曲线）反复排列而形成的一种寓变化于整齐之中的方式。由节奏与韵律构成的环境设施在视觉上一般表现为生机勃勃、富有动感，在安静的环境之中呈现出一种充满活力和魅力的艺术形象（图3-2-18）。

> 图3-2-18　节奏与韵律美的环境设施

（4）对比与协调

对比与协调指环境设施在构成元素与布列方式上所采取的对比变化与调和统一的手法。如果一件设施在形态、色彩方面缺少对比和变化，就会显得千篇一律，让人感到枯燥乏味。如果对比太大，则又会显得夺人耳目、杂乱无章。这就需要借助协调的手段，将构成设施的基本元素，如形状、色彩、比例、尺寸等进行调和，使其和谐统一，以在视觉上才能呈现出一种平和之美（图3-2-19）。

> 图3-2-19　对比与协调美的环境设施

（5）新奇与变异

新奇与变异是一种平中见奇、常中见险的美。世界上存在两种特征的美，一种是有秩序的、常规的美，这种美是在设计中大量存在的艺术形式；另一种是超越常规的新奇的美。在环境设施设计中，新奇之美虽然并不普遍，但正是这种情理之中与意料之外的奇异之美能为常规而缺乏特色的环境带来了新鲜的感受，因为在保持秩序性的同时，需要超越秩序，通过变异的手法来构建一种令人耳目一新的设计形态（图3-2-20）。

> 图3-2-20　新奇与变异美的环境设施

3.2.4　环境设施设计的可持续性原则

可持续设计也被称为生态设计或绿色设计，是指在产品整个生命周期内，着重考虑产品的可拆卸性、可回收性、可维护性以及可重复利用性等属性，并将其作为设计目标，在充分考虑环境的同时，保证产品应有的功能、寿命及其质量等要求。

可持续性设计作为对现代设计秉持的“人类中心主义”以及“消费至上”主义的反思与超越，致力于从生命循环与人和环境的可持续发展来思考设计，强调借助生态理论来建立人为世界同自然世界的整体关联，并通过降低人的行为对自然环境的干扰与破坏，使设计重新回归到符合自然规律、顺应自然发展的轨道上来。

环境设施设计是一项复杂的整体工程。就过程而言，它是一个由设计、制造、流通、使用、维修和回收等不同环节共同组成的一个综合体。当设施和“可持续”结合以后又增加了它的复杂性。如果环境设施要实现“可持续”效应，就必须建立整体设计观，将组成设计的各个环节视作一个封闭循环的整体（图3-2-21）。一方面在设计构思阶段严格遵循减量化设

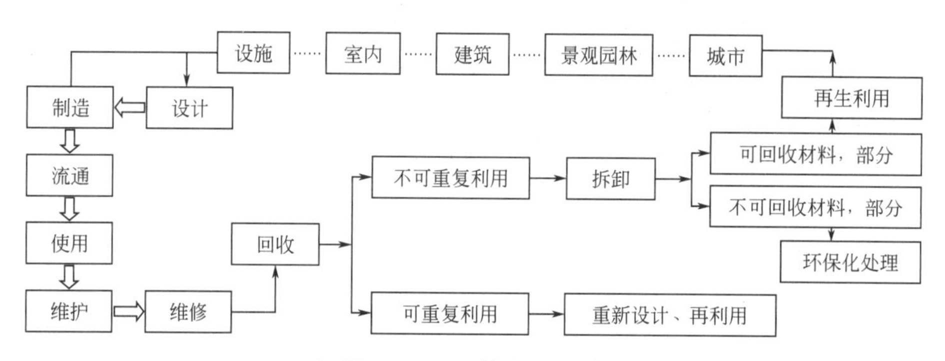

> 图3-2-21　可持续设计循环图

计，减少生产过程对资源和能源的消耗，另一方面在生产过程中尽可能采用可循环的材料，以便物品在废弃后具有“可持续发展”的能力，即将那些便于回收的设施和材料经更新后进行“再设计”以继续利用，或拆解之后进行再生，重新参与新的设计循环。对于不可回收的物质则可以进行焚烧处理，以最大限度地减少废弃物可能对人的生活环境造成的危害。因此，只有从总体上把握设计和生产过程，环境设施的可持续性设计原则才能实现。

3.2.5 环境设施设计的科技性原则

人类文明的发展历史，实质上就是在技术革命推动下的人类社会进步史。迄今，人类已经历经了三次技术革命，即农业革命、工业革命和信息革命。设计作为人类文明的一种表现形式，它的变化也无时无刻不体现着技术的进步。当前，以互联网为主导的信息化、网络化正成为时代的主题。各个国家也都在积极探索设计与网络的结合，诸如德国倡导的“工业4.0”，中国提出的“互联网+”等都是探寻设计与当代科技的结合。环境设施作为联系人与环境的中介和桥梁，在设计形式与内涵方面也应体现与最新技术的融合，如在电商时代背景下产生的“快递存取箱”，以及智慧城市背景下出现的“共享单车系统”和“城市电子地图”等设施（图3-2-22），就是互联网与设计的有机结合。这些基于大数据、互联网与智慧城市的高科技环境设施的出现不仅方便了人们的行为需求，也让人的生活变得更加便捷。所以，与科技的结合必将成为一个国家或城市未来环境设施建设的趋势。

> 图3-2-22 城市共享单车

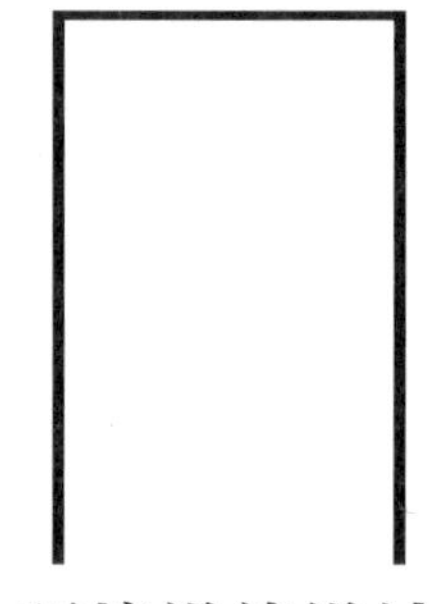

Chapter 4

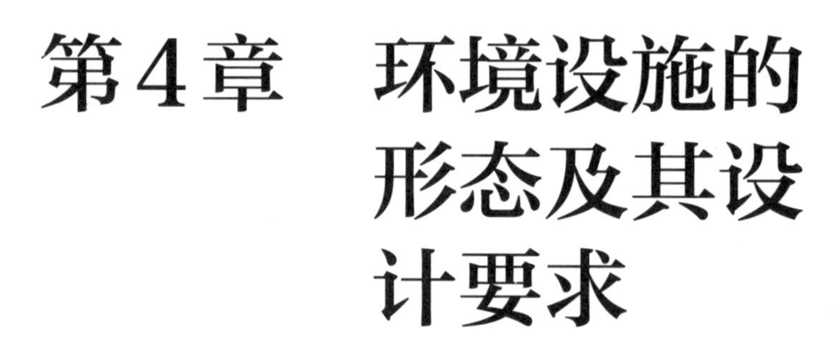

第4章 环境设施的形态及其设计要求

4.1 环境设施的形态

环境设施的形态指构成设施的外部形式与内在涵义的总和。它是一个具有复杂性和多义性的综合设计。所以由于研究者所处的立场、角度或研究方式的不同，对环境设施形态的理解也有所差别。有学者是从外部形态展开研究，有学者是从结构形式展开研究，也有学者是从内涵展开研究。虽然侧重点不同，但目的是一致的，都是为了更为翔实、全面地阐述构成环境设施的内在与外在等基本形态要素。

4.1.1 环境设施的形态构成

于正伦先生在《城市环境创造》一书中阐述环境设施的形态构成时曾说："环境设施的形态构成是设施外形与内在结构显示出来的综合特征。它分为外构（关系）、形象（表征）和内涵（性质）三个方面（图4-1-1）。"

外构（关系）指环境设施与同一空间中其他环境要素的关联，主要包括环境设施的造型、色彩，个体或组群与周围环境的空间关系，以及环境设施与所处场所的综合意象等。

形象（表征）指环境设施给使用者的第一视觉印象，主要包括材料、质感、肌理、色彩、尺度以及空间布局等直观的，能为人的视觉、听觉、触觉和肤觉等感官所感知的外在特征。

内涵（性质）指环境设施所蕴含的文脉因素。主要体现在环境设施与所处环境的政治、经济、文化、历史、民俗以及审美意象的结合。但随着环境设施所涉及领域的不断延伸以及所面临问题的日趋复杂，环境设施的内涵也在不断变化，特别是在当代科学、技术、艺术、经济与社会呈现出愈加综合化的背景下，环境设施的内涵也不仅限于文化领域，而是扩展到哲学、美学、文学、生态学、地理学、心理学、物理学、植物学等相关知识领域。尤其是在复杂的、盘根错节的环境问题面前，环境设施的设计需要获得多学科，尤其是自然科学、人文科学和社会科学知识的支撑。这就需要超越传统环境设施内涵的模式，将科学与艺术，逻辑与形象，直觉与灵感相结合，充分发挥彼此之间相互补充、相互促进的作用。通过对各种形式的兼容并蓄、融会贯通，才能创建一个宜观、宜用的环境设施。清华大学吴良镛院士在《人居环境科学》中曾倡导人居环境的内涵应是"科学+人文+艺术"的综合建构。科学、人文和艺术是设计"真、善、美"的体现。环境设施作为人居环境科学的一种具体存在形式，其内涵自然也要追求"真、善、美"，探索科学、人文和艺术的有机融合（图4-1-2）。在这

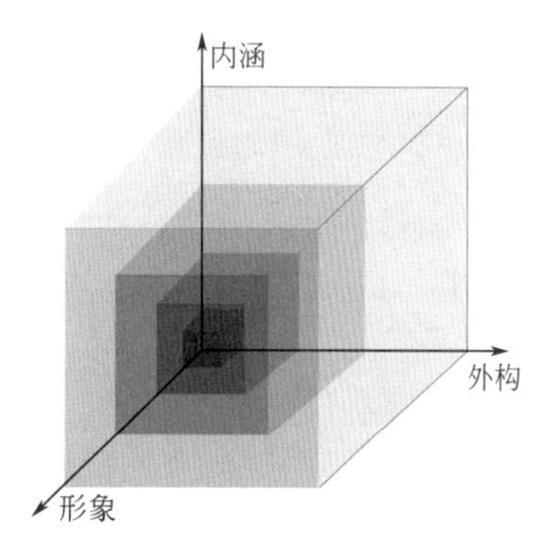

> 图4-1-1　环境设施的形态构成图

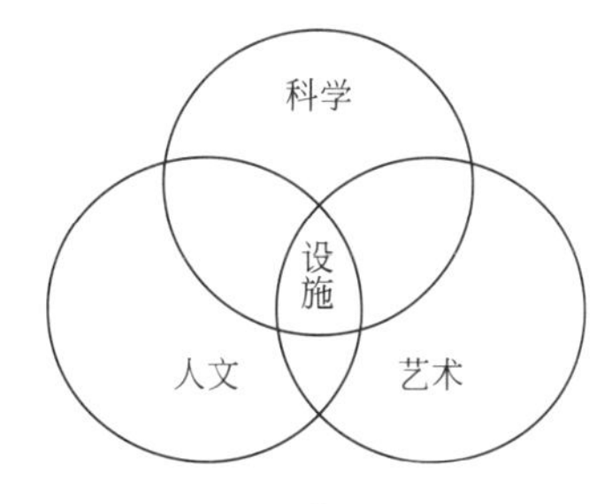

> 图4-1-2　环境设施设计的内涵

三者关系中，人文是灵魂，科技是骨骼，艺术是肌肤，彼此之间相辅相成，缺一不可。它们共同构成了当代环境设施的新内涵与新形态。

4.1.2 环境设施的形态要素

环境设施的形态要素主要指它的视觉形态构成要素。从构建方式上分析，可以分为两大部分，一是造型要素，即点、线、面的组合方式；其二是色彩要素，即色彩的特征与意象。

（1）点线面的形态构成

① 点。康定斯基在《论点线面》一书开宗明义地提出："点在外在意义和内在意义上都是绘画最基本的元素。"点是绘画或设计之中最小、最集中也最基本的元素。从抽象的角度或按人们想象的情形来看，典型的点是小而圆的，实际上点的形态是相对的，它可以具有多种形状，除了圆形，也可以是方形、三角形、菱形、锯齿形等。在这里，点只是一个空间位置的视觉单位，严格地讲，它是没有尺度概念的，只用于标识空间位置。但在环境设施设计中，"点"需要具有一定的尺度。这样才能作为一种空间景观吸引人们的注意力。"点"在环境设施设计中构成形式通常包括两种：一是"点"作为建构环境设施的基本要素（图4-1-3）；二是在布局方式上以个体设施为单位进行点置，从而形成一种聚散开合、疏密有致的视觉效果（图4-1-4）。

> 图4-1-3　由点构成的设施

> 图4-1-4　点置的设施

② 线。就外在的概念而言，每一根独立的线就是一种元素；就内在的概念而言，线性元素所体现的不仅是形本身，还有蕴含在其中的内在情感。在几何学上，"线"是"点"在运动过程中留下的轨迹，并且是一切面的边缘和面与面的交界。与"点"相比，"线"不仅具有一定的位置、长度和宽度而且更具有强烈的情感。如直线（包括水平线、垂直线）给人一种稳定、广阔、深远，或崇高或修长的感觉；斜线具有一种不安定的运动感；曲线具有一种柔美的华丽感；折线具有猛烈的尖锐意味；波浪线最具

抒情感，被称为永恒的美[1]。“线”在环境设施中的应用也包括两种形式：一是作为座椅、路灯、护栏以及景观构筑物等设施的基本构成要素（图4-1-5）；其二是线形的布局，如线形的行道树、绿篱、景观小品等构成了公共空间特有的景观形态（图4-1-6）。

> 图4-1-5　由线构成的设施

> 图4-1-6　线形的布局的设施

③ 面。在狭义的概念上，面是由点的扩大、密集或两条水平、垂直线相互组合构成的独立实体。在广义的概念上，面指通过色调在视觉上造成的与背景分离的效果。在几何学中，“面”具有长和宽两度空间，因而它在环境设施中所形成的形态是各式各样的（图4-1-7）。与点和线一样。面在环境设施设计的应用上也体现在两个方面：一是由面围合而成的封闭或半封闭空间，如售货亭、报亭以及遮阳亭等；二是通过封闭实体的连续延展，在面积上形成具有面的特征的设施，如街头的休闲座椅以及公园中的廊道、拱桥等（图4-1-8）。

> 图4-1-7　由面构成的设施

> 图4-1-8　面形布局的设施

（2）色彩形态构成

自然界的一切物体，无论是自然的还是人工的，都具有一定的色彩倾向性。人们使用的物体不论是什么材质或以什么形态出现，它们都是色彩的载体。正是这些色彩构成了五彩斑斓的大千世界，以及多姿多彩的人居环境。色彩成为与人们须臾不可分离的环境构成因素，与人们的生活、行为建立了深刻的情感联系。色彩在构成环境设施方面主要体现在它的三个特性上：一是色彩的诱目性；二是色彩的物理性；三是色彩的联想性。

---

[1] 高迪曾说：“直线属于人类，曲线属于上帝。”

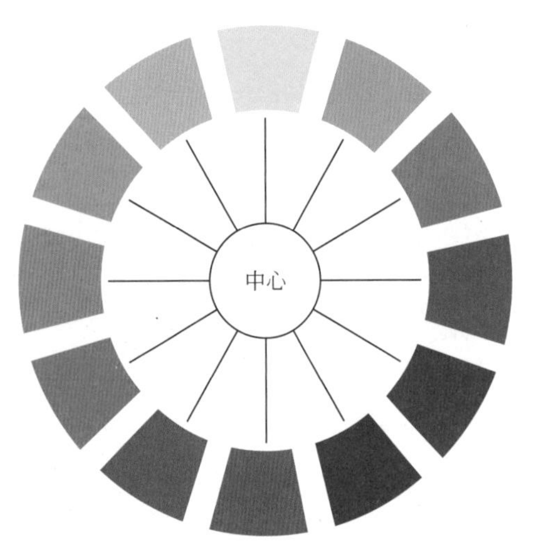

图4-1-9　色环

1）色彩的诱目性

色彩的诱目性指人的眼睛在不经意之中被色彩自身的性质所吸引的特征。诱目性往往是在无意识的情况下形成的。基于无意识的色彩诱目性特征，又派生出有意识观察物体的色彩认识性特征和特定观察物体的色彩可读性特征。认识性、可读性与诱目性在人的主观能动性上虽然有所差异，但基础都是源于诱目性的。色彩之所以能产生诱目性，一方面与色彩本身的色相、明度和纯度有关。在色环中，原色比间色和复色更能引起人们的注意（图4-1-9）。研究表明，按照引起注意的强弱程度排列，一般红 > 蓝 > 黄 > 绿 > 白。所以，在人们的实际生活中，红色、黄色以及橙色往往被作为标志色或警戒色，来吸引人们的注意力（图4-1-10）。另一方面，色彩的诱目性与物体所处环境的色彩差异程度相关。实验表明物体与所处环境的色差越大，诱目性越强，反之越弱。诸如，黄色背景中的白色很难被辨认出来。而红色背景中的白色、蓝色背景中的白色则很容易被辨认。由此可知，色环之中的对比色、互补色的可读性强而同类色、邻近色的可读性弱；明度与饱和度越高诱目性越强，明度与饱和度越低诱目性越弱。基于色彩的诱目性特点，在环境设施的导引类、标识类以及信息类设施的设计上，为了最大限度地引起行人的关注，应尽量采用诱目性强的色彩。如公共环境中的指示牌大多以蓝底白字或红底白字为主，因为这种色彩的诱目性最强（图4-1-11）。

2）色彩的物理性

色彩的物理性是人们在长期与色彩共处的过程中，由于主、客观的适应性协调而形成的对色彩物理特性的感受。色彩的物理性主要体现在色彩所带给人们的温度感、距离感、体量感以及重量感等方面，其产生受很多因素的影响。

首先，与色相有关。实验表明，有彩色系比无彩色系要温暖，红色比蓝色温暖；黑色感觉比白色重，而白色显得比黑色体量大；白色有前进感，黑色有后退感。

图4-1-10　色彩艳丽的环境设施

图4-1-11　指示牌

其次，与色彩的明度有关。明度高的色彩有凉爽感，明度低的色彩有温暖感。高明度色系的体积给人的感觉大一些，低明度色系体积有收缩感。在重量感方面，明度越高，色彩的重量感越轻，反之明度越低，色彩感觉越重。

再次，与色彩的饱和度有关。在暖色系中，饱和度高的色彩有增强温暖的倾向；在冷色系中，饱和度高的色彩有增强寒冷的倾向。饱和度高的色彩有膨胀感，低饱和度的色彩表现出收缩感（图4-1-12）。

> 图4-1-12　色彩的物理性

由此可以得出结论，暖色与前进色、冷色与后退色是一致的。从格式塔心理学中的图底关系来看，暖色是容易形成图形的色彩，冷色是容易形成底色（即背景）的色彩。

基于色彩的物理特性，在环境设施设计中，要善于借此来加强环境设施作为联系人与环境的中介和桥梁作用，以最大限度地发挥环境设施的功效。比如，在灰色的环境中可以选用色相醒目或明度及饱和度较高的色彩作为设施的主体色，通过加强色彩的对比来引起行人的关注（图4-1-13）。

> 图4-1-13　色彩醒目的环境设施

3）色彩的联想性

色彩的联想性源于人的视觉思维的延伸。这种视觉思维通常受色觉恒常性的影响。在人们的日常生活中，通常会对熟悉的事物具有深刻的印象，当这种印象建立以后就会形成一种思维定势，甚至成为认识其他类似事物的比较基础。这一思维就是恒常性思维。在色彩方面，思维的恒常性转化为色觉恒常性。恒常性一旦形成便具有极其坚固的稳定性，无论环境如何变化，客观物体在主观思维中的印象都不会改变。比如，当人们看到苹果时首先会联想到红色，看到橘子时会联想到橙色，看到香蕉时又会联想到黄色。这样的联想是一种具象的、物质的联想。受人们思想和情绪的影响，在具象的色彩联想之后又延伸出一种抽象的、非物质的联想，如由红色联想到苹果、

> 图4-1-14　警示牌

> 图4-1-15　导示牌

西红柿、红旗、血液，继而联想到热烈、危险、禁止等，由绿色联想到树叶、蔬菜、生机，进而联想到安全、生命以及生态等。

上述色彩的联想特性被广泛运用于环境设施设计中，如一些具有警示性质的设施或标志通常选用红色及黄色作为主体色（图4-1-14），而那些带有方向性、安全性的导引设施则往往会选择以绿色或蓝色为主的色彩体系（图4-1-15）。

4.2 环境设施的设计要求

环境设施作为组成城市人居环境的基本要素，与建筑一样对于营造高品质的城市环境而言具有同样重要的作用。但设施与建筑不同，它距离人们最近，与人们的生活关系也最为密切，可以说市民的所有户外活动都离不开环境设施的参与。所以道路、广场、公园以及社区等公共空间中的各种设施往往要配合适当的地点，反映特定功能的需求。交通标志、行人护栏、公共艺术、照明灯具以及广告牌等设施应进行整体配合，这样才能表现出良好的景致。公共空间中供人休憩的座椅以及划分人车界限的栏杆、界石、路标和装饰环境的花池、花境、树池等设计要综合考虑所处环境的特点，力求做到因地制宜、因时制宜和因人制宜，使所有人都能够享受到环境设施带来的生活便利。具体而言，环境设施的设计要求主要体现以下两大方面。

4.2.1 环境设施的兼顾性要求

环境设施的兼顾性是指在设计方面，要注重设施产品的功能性与装饰性、工艺性与科学性的统一。环境设施作为城市的细部设计，它的体量和构造相对较小，为了能够引起人们的足够重视，往往要求其形态和色彩能在空间中表现得更为强烈和突出，并对环境具有一定的装饰与美化作用。当然，功能是不可忽略的，诚如孔子所言“文胜质则野，质胜文则史，文质彬彬，然后君子”，即环境设施的设计要兼顾功能和形式，不可偏废任何一方。另外，环境设施的尺度和布置应符合人的行为要求，以满足人的生理及心理需求为第一要务，使其设计和布局更具科学性（图4-2-1）。

> 图4-2-1 兼具功能性与装饰性的信息设施

4.2.2 环境设施的系统性要求

环境设施的系统性指公共空间在引入环境设施时，应对其进行整体的布局安排，并在款式形态、尺度比例、用材施色、主次关系以及形象的连续性方面进行综合考量，形成系统，在变化中求得统一，尽量避免因公共空间建设周期、环境更新等因素造成的环境设施形态不一、新旧不一、色彩不一以及放置凌乱等现象，以免对环境的整体品质造成不良影响（图4-2-2）。

> 图4-2-2　与环境相统一的环境设施

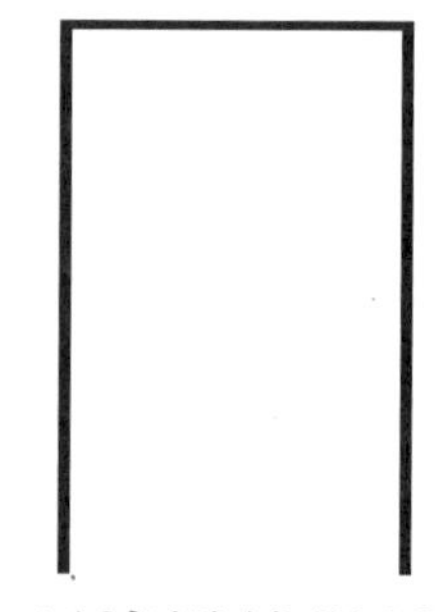

环境设施设计

Environmental facility design

Chapter 5

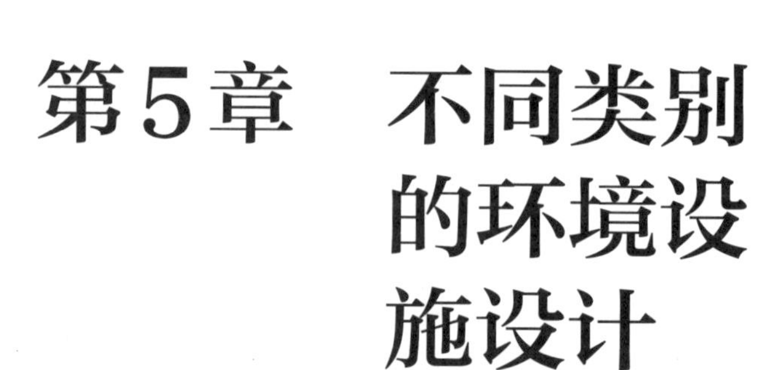

第5章　不同类别的环境设施设计

环境设施作为设置在城市公共空间中供人们使用的一种服务性设施，它的设计和建造完善与否直接决定着一座城市的宜居程度。完善的环境设施会给人们的休息、交往以及出行等正常生活带来快捷、便利的享受。美国著名景观设计师劳伦斯·哈普林在其著作《城市》一书中对环境设施在城市中的作用曾如是描述："在城市中，建筑群之间布满了城市生活所需的各种环境设施，有了这些设施，城市空间才能使用方便。空间就像是包容事件发生的容器；城市，则如一座舞台、一座调节活动功能的器具。如一些活动指标、临时性的棚架、指示牌以及工人休息的设施，等等，并且还包括了这些设计使用的舒适程度和艺术性。换句话说，它提供了这个小天地所需要的一切。这都是我们经常使用和看到的小尺度构件。"[1]由此可见，环境设施作为组成城市整体环境的要素之一，虽非城市空间的决定性要素，但在公共空间实际使用中带给人们的方便和惬意却是不容忽视的。一处小小的设施在点缀城市环境、美化城市空间方面也有意想不到的效果。另外，形态优美、色彩雅致的环境设施往往会成为公共空间的视觉中心，起到画龙点睛的作用，可以为平淡的城市环境平添几分姿色。

环境设施的种类在划分上有广义和狭义之分。狭义的环境设施主要指一些休憩设施、便利设施、照明设施、绿化设施以及阻拦设施等能满足人们最基本生活需要的工业产品。但随着城市建设的发展以及人们行为需求的多样化，原本支撑人民基本行为的设施不再能够满足人们物质与精神方面的综合需要。为满足人们的多样性需求以及对城市环境美学品质的追求，环境设施的种类也开始向更大的范畴拓展，进而形成了广义的环境设施。广义的环境设施泛指城市公共空间中一切能够满足人们生理和心理需求的设施设备。

无论是广义环境设施还是狭义环境设施，其分类原则与分类方式都是相对而非绝对的。很多环境设施在实际的使用过程中会出现归属和功能重叠的现象。比如，街头钟既可以是信息设施，也可以归入环境装饰设施；路灯既可以属于交通安全类设施，也可以作为导引类设施使用。所以，环境设施分类的目的不是为了生硬地界定其范畴和类型，而是为了让人们能够更加深入地体会环境设施的不断丰富与日臻完善，同时也使设计师对环境设施设计有一个更加清晰明确的概念。下面我们将就与各类环境设施设计相关的问题逐一进行阐释。

5.1 信息交流类设施

随着城市的迅速发展，城市生活所包含的内容也不断扩展。城市早已超越了单纯作为生活和交易的场所，而成为人的各种需求的聚集地。城市日新月异发展的结果就是人口数量越来越多，建筑密度越来越大，路网结构越来越复杂，以及各类商业、医疗和教育机构的不断聚集。这就使生活在都市中的人们对周围环境的感知越发陌生。而现代都市中的人们对生活的期望是，不仅要丰富而且还要高效，希望能在最短的时间内实现最大的行为效益，即花费

[1] [美]劳伦斯·哈普林著. 城市[M]. 台北：新乐园出版社，2000：51.

最少的时间和精力来完成一项行为活动。对于一个相对陌生的环境而言，能准确、明了地引导人的行为的信息设施是必不可少的。信息设施作为联系人的行为活动与场所环境之间的纽带与桥梁，以及作为信息传递的重要媒介，已经成为体现一座城市文明程度和软环境发达与否的重要指标。

5.1.1 环境标识

环境标识作为“传达有助于理解环境和行动的信息手段”，是城市环境信息的重要媒介，它给人们的行为、活动带来了巨大的便利和舒适。随着经济的发展以及生活节奏的加快，环境标识作为城市环境设施的组成部分其重要性日益凸显。

（1）环境标识的类型

位于公共空间中的环境标识种类繁多、式样繁杂，依据所传达的信息功能可将其大致分为七类：位置标识、引导标识、导游标识、识别标识、信息标识、管制标识以及装饰标识。

① 位置标识：也称定位标识，主要用于确定使用者在公共环境中所处的位置，或表示这是哪里以及这是什么。为提高这类环境标识的识别性，位置标识需要采用认知性好、简单明快的表现方式，同时还要考虑标识与所在场所或建筑物在形态方面的一致性。当然，如果建筑物或场所本身的设计能够表明该建筑或环境是什么时，这类标识便可有可无（图5-1-1）。

> 图5-1-1　位置标识

② 引导标识：也称导向标识，主要是借助箭头、文字等符号引导使用者通往特定的场所或空间。引导类标识是人们在陌生环境中确定行动路线的有效工具，它在指导人的行为活动以及保护公众安全方面意义重大。所以，这类标识上所记载的信息应该限定为多数使用者共同需要的内容。其设计形式应以具有高识别性和国际通用性的图形符号为主（图5-1-2）。

> 图5-1-2　引导标识

③ 导游标识：是为使用者选择行动路线提供必要信息的标识。此类标识上所记载的信息需要有丰富的内容，以满足使用者的多样化需求。同时，为使信息内容简明易懂，导游标识最好采用示意图的形式（图5-1-3）。

④ 识别标识：也称名称标识，是用于标明一座建筑物、一处建筑群或一种场所环境名称以区别于其他环境的标识。这类标识是一种重要的环境判断工具，主要用于帮助使用者确定所处的地方或识别一个特殊的空间环境。在公共环境中，识别类标识通常以文字或是企业标志（VI）的形式出现在广告牌或建筑物上（图5-1-4）。

> 图5-1-3　导游标识

> 图5-1-4　识别标识

⑤ 信息标识：实际上是一种说明性标识，主要是为公共空间的功能、性质以及使用形式提供详尽的信息说明。这类标识在公共环境中随处可见，如商场、展览馆中的功能分布和营业时间，车站、机场的时刻表、价目表，校园、公园的功能区域分布图等都，属于信息标识。在公共空间中，如果信息类标识设计合理、简洁明了，可以为使用者节省大量的时间（图5-1-5）。

⑥ 管制标识：也称限制标识，是敦促人们注意行动安全以及遵守秩序的功能性标识。这类标识的内容主要标示相关部门的法令规范，提醒使用者允许做什么、禁止做什么，或紧急情况下如何去做等。管制标识对维护公共秩序、保护公众安全具有重要意义（图5-1-6）。

⑦ 装饰标识：是一种环境美化标识，也是环境细部设计的一种体现。装饰标识在为使用者提供某种信息的同时，以一种特殊的或富有个性化的形式来标识该空间的存在或用途，通过独具匠心的造型、色彩、图形符号等设计达到吸引行人注意的目的。这类标识主要有吊牌、匾额等（图5-1-7）。

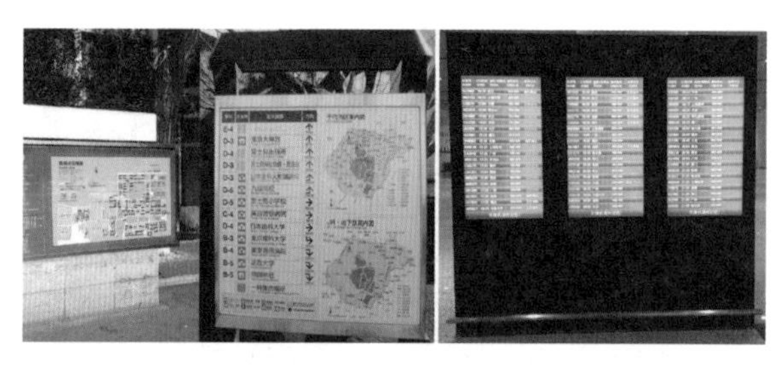

> 图5-1-5　信息标识

> 图5-1-6　管制标识

> 图5-1-7　装饰标识

（2）环境标识的设计要素

完整的环境标识由版式设计、造型设计以及位置设置三个方面的要素共同组成，三者相辅相成，缺一不可，所以在进行具体的环境标识设计时要对这些构成要素进行系统性研究。

1）版式设计

由于环境标识是信息传达的媒介，因而借助合理的版式设计来有效地传递信息是环境标识设计最重要的工作。环境标识的版式设计大致包含8个方面的内容：所表达的信息内容、文字、图表、图形、符号、色彩、排版以及表示方法。其中，信息内容，即传达什么，是标识最主要的部分。对于一个环境标识而言，无论创意多么新颖、版面如何靓丽，如果传达的信息内容不准确，那么这个标识也就没有存在的意义了。因此，在环境标识的设计程序上，首先要明确标识所传达的内容以及合理的观看距离，在此基础上然后再进一步设定标识文字的字体、大小以及图底（即文字颜色与底色关系）等内容（图5-1-8）。

> 图5-1-8　标识的图底关系

由于当代城市的国际化程度越来越高，环境标识的设计也应考虑内容的通用性与国际性。文字标识往往受到地域、国别或距离的限制，识别性较低。而图形或符号作为一种超越不同语言文化的简明信码，不仅适用于各种公共环境，同时也适用于视觉距离较远、无法辨清文字的场合。另外，在整合文字、图形以及符号等版式设计要素时，还要充分来考虑这些信码的认知性与可读性（图5-1-9）。

> 图5-1-9　通用型标识符号

2）造型设计

环境标识的造型设计并没有统一的规定，可以根据标识的工作原理和规格并结合所设置场所或环境的条件进行设计。虽然标识牌的造型没有统一的标准，但却有一套约定成俗的使用习惯。比如，圆形的标识牌意指警告、不准实施某种行为；三角形的标识牌意指规限、限制某种行为的实施；方形或矩形意指传达信息，用以说明、指示或告示某种内容[1]（图5-1-10）。

> 图5-1-10　环境标识的造型

[1] 于正伦著. 城市环境创造[M]. 天津：天津大学出版社，2003：279.

3）位置设置

环境标识作为一种现代城市的形象，几乎遍布城市的各种公共空间和活动场所。由于环境标识是为人设立并为人服务的，所以标识牌的设置必须考虑人使用时的方便性。依据位置的不同，环境标识牌的设置位置可以分为四种形式，即悬吊型、突出型、墙挂型以及自立型[1]（图5-1-11）。

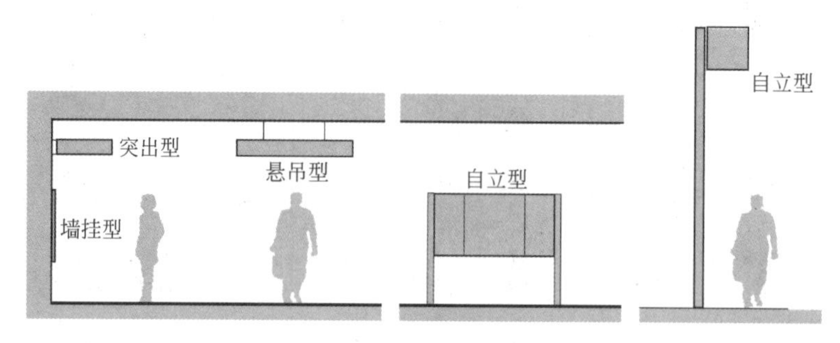

> 图5-1-11　环境标识的设置方式

悬吊型指标识牌直接安装在顶棚上或垂悬在顶棚上的安装类型（图5-1-12）。

> 图5-1-12　悬吊型标识

突出型指标识牌从墙面或立柱等位置向大厅或道路方向突出的安装类型（图5-1-13）。

> 图5-1-13　突出型标识

---

[1] [日]田中直人著. 标识环境通用设计[M]. 北京：中国建筑工业出版社，2004：18.

墙挂型指以嵌入型、半嵌入型以及墙外悬挂的方式安装在墙壁上的类型（图5-1-14）。

> 图5-1-14　墙挂型标识

自立型指独立安装在地面或路面上的方式，自立型标识牌可以分为固定型和可移动型两种形式（图5-1-15）。

> 图5-1-15　自立型标识

从上述几种标识牌的设置位置来看，悬吊型和突出型一般都设置在很高的位置上，有利于使用者从远处辨认。这种标识牌多用于大型公共空间，如车站、机场等的导引系统。自立型标识牌因使用的目的和环境不同，其信息版面的设置高度也有所不同。如适宜近距离观看的信息栏、布告栏等看板的高度一般以人的视平线高度为原则上下移动60°范围，即高度可以设定在0.8～2.2米之间（图5-1-16）。公共空间或道路上的广告牌或名称牌等适宜远距离观看的标识牌高度，依据空间大小其高度可以在1～5米之间。高速公路两侧信息牌或广告牌甚至可以高达15米以上。

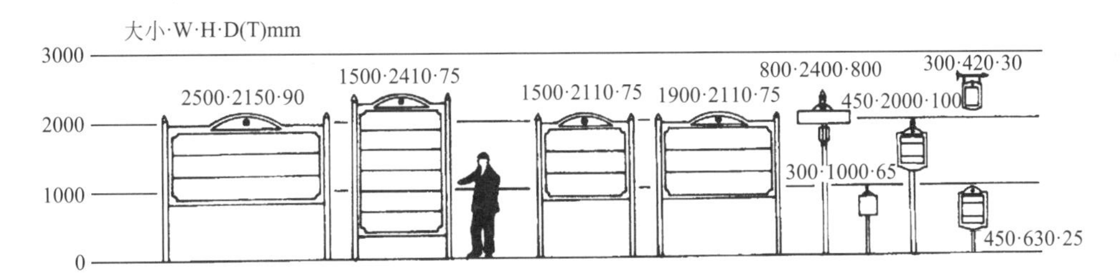

> 图5-1-16　环境标识的高度

标识牌因位置、高度的不同传达的效果也不尽相同，而只有让使用者能看得见的标识设置才有价值。所以当引导标识的位置设置在与使用者的流线相对的一面，才能让人们使用起来更为方便快捷。

（3）环境标识的设计要求

公共环境中的标识牌是以不特定的多数人为服务对象而是设置的，它的目的在于给各类群体的人的行为需求提供准确无误的信息和指导，这样使用者才能依据标识所传达的信息内容做出正确的判断。如果要设置让更多不特定的多数人都明了、易懂且形式美观的标识，就要求设计师在进行环境标识设计时充分考虑人的认知行为与标识之间的各种关系。

① 信码识别度与人的行为关系。行、立、做、卧、走是人的基本行为，这些行为动作归纳起来无非是运动和静止两种状态。而人在不同的状态下对周围环境信息的感知度是不一样的。在静止时，由于视觉集中、视线稳定，人们可以感知到周围细小的物体，如人们在静态下可以读取标识牌中微小的图形和文字等信息。而当人们在运动时，由于受视觉干扰、视线晃动以及视距加大等因素的影响，只能感知到周围较为明显的物体，而且运动速度越快，人对周围物体的感知和辨别能力就越弱。在这种状态下，人们接受信息变得越发困难，只能分辨出形态较大、色彩较为突出的信码。鉴于这一经验，在设计环境标识时，设计师需要针对不同的环境进行针对性设计。如位于车站、商场等相对安静环境的标识牌，其尺寸、字体可以小一些；而位于道路两侧的标识牌、广告牌的尺寸、字体则要依据观者的距离和行进速度适当放大，图底的色彩关系对比也要强烈一些，且信息量宜少而精，不宜多而杂，以便使用者能在最短的时间内接收信码所传达的信息（图5-1-17、图5-1-18）。

> 图5-1-17　静态空间的环境标识

> 图5-1-18　动态空间的环境标识

② 标识的个性与通用性的统一。环境标识不仅包括城市公共空间的导游牌和指示牌，还包括原本存在于该地区环境中，表示独特地域文化和城市风貌的信息牌。在这些传达信息的标识设计中，每个地区都可以根据本地的风土人情、历史文化以及审美习惯进行设计，其形态也可以多姿多彩、千变万化，不过这只适用于不苛求标准化或统一化的符号。如公共环境

中男女卫生间标识，可以是男女头像的剪影，也可以是烟斗与口红、胡须与高跟鞋或是单纯的黑色与红色等图形。虽然它可以是充满个性的图案，但依然要运用能代表性别区分的图式语言来传达特定信息（图5-1-19）。另外，对于一些应急性和常用性的标识，国际上有一套约定成俗的通用图形符号。这些符号是超越国家和文化界限的，具有国际性与通用性，不论在任何国家、任何城市的任何地方，对任何人来说都是能够被识别的。所以，在公共环境中，环境标识的图形符号应尽量采用通用性和标准化的形式，以便任何人都能看懂标识的意思，这样可以更大限度地发挥环境标识的作用和价值。

> 图5-1-19　卫生间的标识

③ 标识与环境色彩的关系。环境标识虽然是采用各种文字和符号来表示，但实际上利用色彩这种视觉要素来进行标识设计的比例也非常大。每个国家和地区的人们都有自己传统的色彩，而且对每种色彩又有特殊的偏好和禁忌。所以，在环境标识设计中巧妙利用色彩带给人的心理影响，可以起到事倍功半的作用。人们经常将色彩所具备的心理暗示作为设计要素与各种标识结合在一起，以营造环境氛围或者空间个性。如在庆典性的场所，人们经常会使用以红色为主的标识以体现欢悦的气氛。交通信号灯的三种颜色是利用色彩作为信息和记号的最具代表性的实例。由此可见，色彩与环境标识的关系主要体现在两个方面：其一是作为图底关系来使用。通过图底之间色相、明度以及饱和度的变化来凸显文字或符号。其二是将国际通用的环境标准色与场所性质结合。如红色表示防火、停止或禁止；黄色是表示注意的基本色；蓝色是表示小心的基本色；绿色是表示安全、通行、急救的基本色。这些颜色或多或少与我们传统的色彩认知有些区别。

5.1.2　广告招牌

广告招牌是人们获取各种生活信息和商品资料的有关设施，尤其是在商业领域，从古代开始就将其作为向外部传达经营内容等信息的手段。唐代杜牧在《江南春》的诗句“千里莺红绿映堤，水村山郭酒旗风”中就写明了酒肆用招幌来告知顾客店铺经营内容的事例。宋代济南刘家工夫针铺在门前悬挂的“白兔儿”标志（图5-1-20）以及张择端在《清明上河图》中描绘的多处招牌和幌子（图5-1-21），已经表明广告在古代已是传播商品信息以及推动消费与销售的重要手段。不过现代的广告招牌与古代的招幌还是有很多区别的。古代的招牌或幌子只是作为传播商品信息以使社会各界周知的手段，而没有与城市环境或建筑结合。现代都市中的广告招牌在推广商品的同时，已经成为城市元素的重要组成部分，肩负着塑造城市形象、提升城市美誉度的重任。形式新颖、色彩鲜艳的广告是城市一道靓丽的风景线，而且城市经济越发达、文明程度越高，广告招牌的数量越多，式样也越新颖。从这一方面来看，位于公共环境中广告与招牌的设计、内容、实施与设置也在某种程度上反映了这座城市乃至整个地区的社会经济、文化以及审美思潮的发达程度。

> 图5-1-20 “白兔儿”标志

> 图5-1-21 《清明上河图》中的招幌

（1）广告招牌的分类

与环境标识尽量采用标准化、统一化的图形符号不同，广告招牌的形式和内容在统一性和通用性上并无硬性要求，其样式、造型可以依据载体的不同自由变换，表现形式可以是文字，也可以是抽象或具象的图形符号，只要让行人能够理解其中的内容即可。所以，城市中广告招牌的形态、色彩总是千姿百态，令人应接不暇。不过依据广告和招牌所要表现的内容、设置场所以及所用媒材的不同，公共空间中的商业广告大致可以分为以下三类。

① 就表现内容而言，广告招牌可以分为：a.指示类广告，如店牌、招牌以及幌子等；b.展示类广告，如产品简介、展示橱窗等；c.宣传广告，如招贴、海报等（图5-1-22）。

> 图5-1-22　店牌、橱窗、海报

② 就设置场所而言，广告招牌可以分为：a.户外广告，包括店面广告、悬吊广告、壁面广告、自立型广告等；b.室内广告，包括悬挂广告（垂幔、旗帜广告）、立地广告（可移动广告）、坐地广告（固定广告）等（图5-1-23）。

③ 就媒介载体而言，广告招牌可以分为：a.电子广告，包括LED屏显广告、霓虹灯广告、旋转广告等；b.交通工具广告，包括车体广告、机体广告、气球广告以及飞艇广告等（图5-1-24）。

> 图5-1-23　户外广告

> 图5-1-24　电子广告屏与交通工具广告

（2）广告招牌的设计要求

位于公共环境中的广告招牌，作为一种商品促销和产品宣传形式，其目的在于吸引顾客的注意和激发消费者的购买欲望。同时，广告招牌作为一种环境设施，它的存在不能只顾及促销，还要考虑与环境的融合性。当前的很多户外广告受利益驱使，把广而告之的作用无限扩大，为了达到这一目的，将招牌设计得非常豪华、刺激，既不考虑尺度，也不关注与周围环境的关系，这种适得其反的做法不仅没有达到引人注目的效果，反而弱化了其存在的价值。对于不是直接利用这些设施的人来讲，各种大小不一、形态各异、色彩混乱、光线刺目的广告招牌成了城市景观的视觉污染源。所以，设计师在进行广告设施的设计时必须将广告的内容、形式、色彩以及载体（建筑物）等要素进行统筹考虑、综合施策。

① 大型户外广告在建筑设计之初，就要充分考虑与建筑物的结合方式。在展示结构上是采用悬臂式、悬吊式还是嵌入式，在照明方式上是采用内部照明、外部照明还是无灯式照明[1]，都必须提前考量做好预设工作。在确定某一特定的形式和照明方式后，将其基本架构与建筑结构进行整体设计，以免建成后广告形态与建筑形态格格不入（图5-1-25）。

> 图5-1-25　广告与建筑的结合

---

[1] 内部照明指将灯具放置在广告招牌的内部，如灯箱；外部照明是将照明灯具安装在广告招牌的外侧，采用直接照射的方式；无灯式指广告招牌是一种薄型自明式招牌，通常采用LED或液晶显示屏，自身具有一定的亮度，不需要外设的照明灯具。

② 广告招牌的尺度大小要以所依托的店面和公共空间的尺度大小为设计依据，不能武断地随意放大或缩小。大型店面或大型建筑物的广告招牌适宜尺度大一些，小型店面或小建筑物上面的广告适宜精致一些；狭小空间中的广告招牌不宜过大，空旷环境中的广告招牌不宜过小。美国和日本等一些国家的广告拍摄经验表明，在以中小型店铺为主的商业街中，出挑式招牌和其他各式招牌以1平方米为最佳视觉和宣传尺度，使用效率也最高，独立的大面幅广告板高度在5米以下为宜[1]（图5-1-26）。

③ 给广告林立的公共空间制定一些理性和秩序的原则，这对于调和城市视觉形象。提升城市环境的美观性具有莫大的意义。商家在城市公共空间设置广告招牌的目的在于介绍和宣传产品，最终达到促进销售的目的。由于沿街商铺经营内容以及面积大小的不同，导致其广告、招牌的形态各异。有时商家为了提高宣传效力会极尽所能地安置各式各样的广告招牌，丝毫不考虑在形态、色彩以及照明方式上与周围广告牌的协调性，更不关注广告招牌作为城市元素的美学价值。这就直接导致城市空间的杂乱无章，让人心烦意乱（图5-1-27）。要改变这种状态，就需要设计师对街道两侧的广告招牌进行适当的调整。通常的做法是将建筑入口上端的广告牌底边高度保持一致，对于连续性强或出挑式的广告招牌在幅面、造型、色彩以及照明方面尽量取得统一（图5-1-28）。

> 图5-1-26　招牌大小与空间的关系

> 图5-1-27　不协调的沿街广告

> 图5-1-28　形式统一的沿街广告

④ 广告招牌作为放置于外部空间的信息设施，要长期经受风霜雨雪的侵袭，不可避免地会老化以及受到自然腐蚀，这就需要在设计户外广告时尽量采用耐腐蚀的材质和坚固的结构

---

[1] 于正伦著. 城市环境创造[M]. 天津：天津大学出版社，2003：279.

形式，以保证在极端天气下不会对行人造成潜在的威胁。另外街道两侧的户外广告除保证经久耐用之外，其色彩、幅面和位置的选定还要综合考虑信息面朝向、道路走向以及道路级别等问题，以防止使用者在观看时出现眩光、错视和方向遮挡等视觉问题。

5.1.3 信息设施

信息设施是设置于公共空间、为人们提供信息和资讯的设备。作为重要的信息传递和信息交流媒介，信息设施对于提高人们的工作、生活效率具有重要意义。

（1）信息设施的分类

信息设施依据功能和形式可以分为三大类，具体如下。

① 街头钟，随着人们生活节奏的加快，在城市公共空间中出现了一种计时器具——街头钟。街头钟的形式不仅独立设置，通常还与建筑、灯柱、标识牌、广告牌以及雕塑结合在一起，以公共艺术的方式呈现于都市空间之中。街头钟多设置于城市商业街、公园、广场、车站、街头绿地以及旅游区等人流密集的场所。除方便行人准确掌握时间之外，街头钟也是丰富和点缀本地区公共环境的艺术品之一。由于这些用于报时的钟表通常是放置于公共空间的显要位置，也往往会成为该区域的视觉焦点。所以街头钟的设计不仅要报时准确，而且要造型美观、细节丰富，使其看起来像艺术品一样，只有这样才是优秀的设计（图5-1-29）。

> 图5-1-29　各类街头钟

② 应急电话亭。公共电话亭曾经是城市公共环境的必备设施之一。而且很多富有特色的电话亭已经成为一座城市，乃至一个国家的形象代言。如英国伦敦街头的红色电话亭，它已不仅仅是一个通话和交流的工具，而是已经升华为一个国家的标志（图5-1-30）。但后来随着科技的进步，手机等通讯设备逐渐普及，公共电话使用频率越来越小，以致最后被社会所淘汰。公用电话亭作为最为快捷和方便的信息交流设施，在当代社会被大量使用的可能性已不存在，但这并不说明这种传统的公共设施在城市中完全不需要。它可以作为一种应急设备在公共环境中继续保留，特别是一些自然灾害频发和社会治安不佳的地区，应予以大量设置，以备市民不时之需。这在一定程度上可以体现城市对市民的关爱。当然，现代城市中的电话设施并不是将原来老旧的形式重新布置，新时代的应急电话亭需要与时俱进地进行设计改造，

探索与当代的互联网和大数据等信息技术相结合的方式，使其成为集应急通话、信息查询以及为手机快速充电等多种功能于一体的综合性设施。为保证良好的安全性、隐秘性、气候适应性以及隔音效果，应急电话亭的高度宜在2 ~ 2.2米，单体式长宽一般为80厘米 ×80厘米，双体式长宽一般为140厘米 ×140厘米（图5-1-31），结构采用铝、钢以及其他合金框架嵌钢化玻璃或有机玻璃等透明材料，色彩可以以红色、黄色等应急色彩为主，这样的设计不仅坚固耐用，而且能够引起使用者的注意。

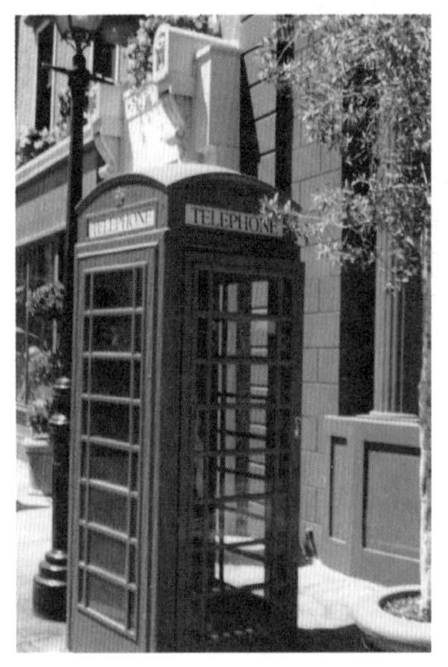

> 图5-1-30　英国街头红色电话亭

> 图5-1-31　单体电话亭与双体电话亭

③ 有声设施。有声设施是一种兼具信息传达、休闲娱乐以及应急于一体的综合性信息设施，如扩音器、音响以及故事机等。作为信息传达的有声设施通常设置于校园、车站以及机场等公共环境之中，主要用于传达资讯、指导活动和提供有声服务。作为休闲娱乐的有声设施通常放置于公园、广场、街头绿地等休憩空间，主要是为在此休息和游玩的市民提供轻松的音乐或有声娱乐，如法国街头的故事机（图5-1-32）。作为应急的扩音器常设置在商场、地下空间的天花板上以及建筑物顶部，通常是作为预警或警报设施为人们在紧急情况下提供有声服务的设备。在形式上，扩音器既可以独立设置，也可以与环境小品或公共艺术相结合，作为城市元素的有机组成部分，为人们提供良好的听觉环境（图5-1-33）。

> 图5-1-32　法国街头故事机

> 图5-1-33　扩音器

（2）信息设施的设计要求

信息设施的设计与安置需要注意以下三个方面。

① 信息设施的色彩、造型应充分考虑其所在地区建筑环境、景观环境、人文环境以及自身功能的需要，做到艺术、人文与科技的有机结合。

② 信息设施作为人与环境交流的媒介，其目的在于为人们提供方便快捷的服务。所以，该类设施放置的位置必须醒目、易达，且不能对行人交通及景观环境造成妨害。

③ 信息设施的用材应经久耐用，不易破损，方便维修。无论是街头钟、应急电话亭还是有声设施，大多是放置在户外环境中的设备，由于长期暴露在自然环境中，必然遭受各种恶劣天气的侵蚀，而且这类设施一经安装，就很少维护和更换。因此，该类设施设计在材质的使用上必须从可持续的思想出发，不能只计其新不计其旧。为延长信息设施的产品寿命和使用周期，应尽量采用耐候性高的材质和便于维护的结构元件。

5.2　公共卫生类设施

随着生活水平的不断提升，人们越来越注重生活环境质量的改善。干净、整洁、宜居是人们对自身所处环境的基本要求。为了创造一个洁净的环境，在公共空间中设置一些卫生环保设施是非常必要的。卫生设施的设置不仅能够满足人们基本的生理需求，同时也可以对人们的行为习惯起到积极的引导和规范作用。公共环境中的卫生设施种类繁多，常用的主要有垃圾箱、烟蒂箱、饮水器、洗手器以及公共厕所等。作为为大众服务的公共设施，卫生设施系统由于使用频繁，其设计必须尺度合理、布局恰当、使用方便、管理完善，唯其如此才能充分发挥其功效和作用。

5.2.1 垃圾箱

垃圾的收集与处理方式不仅反映了一个地区和城市的文明程度，同时也从一个侧面反映了该地区公众的素质和修养。垃圾箱是收集垃圾和日常生活废弃物最为常用的设施，在公共场合随处可见。作为公共环境设施的垃圾箱受其特定用途及设置空间所限，其设计首先应考虑满足使用功能的要求，即在体量和尺度方面要具有一定的容量，并方便投放和易于清除垃圾。其次应满足审美需求。垃圾箱经常是放置于人员密集的公共空间中，为了吸引公众的注意并在一定程度上达到装饰和美化环境之功效，垃圾箱的设计应造型新颖，色彩明快，这样才能起到点缀城市环境的作用。

（1）垃圾箱的类型

作为城市元素的垃圾箱，体积虽然很小，但在公共空间中的作用却是巨大的。形态优美的垃圾箱往往会成为一处环境的节点，乃至标志物，对公共环境起到画龙点睛的作用。这也是各个国家和地区重视其设计的原因。由于不同地区人文、气候等条件的差异，垃圾箱的设计形态也是千姿百态、多种多样的。依据其功能、形式，垃圾箱的设计大致可以分为以下几种类型。

1）依据设置方式划分

① 固定式垃圾箱，指垃圾箱的箱体底部埋入地面以下或采用固定件固定在地面上。这种垃圾箱一般设置在人流量较大或人员密集的公共场所，或独立设置于街道、广场周边，占用空间相对较小。固定式垃圾箱的优点在于安全、稳固、不宜倾覆，缺点是一旦固定就很难挪动，而且维修起来也较为复杂（图5-2-1）。

② 移动式垃圾箱，多设置于广场、公园、商业街或大型建筑的室外等人流变化和空间变化较多的场地中。这种垃圾箱一般形体较大，需要较宽裕的场地条件。在布局上，移动式垃圾箱往往与座椅、路灯以及候车亭等环境设施配合，以此来显示可以移动的优越性（图5-2-2）。

> 图5-2-1　固定式垃圾箱

> 图5-2-2　移动式垃圾箱

③ 依托式垃圾箱，只有一个箱体，本身无法独立存在，需要附着在墙壁或杆柱之上。由于依托式垃圾箱体积小巧且便于移动，适宜在人流量较大、空间狭小的场所使用（图5-2-3）。

> 图5-2-3　依托式垃圾箱

2）依据形态划分

① 竖直式垃圾箱，是使用最为普遍的一种垃圾箱，通常设置于公园、广场、步行街以及道路两侧。这类垃圾箱的造型主要有圆筒形、方形以及三角形。圆筒形垃圾箱由于没有方向性，设置地点的自由度较大，可以适应不同的场所环境。方形和三角形垃圾箱因投放口具有方向性，设置的位置可以选在街道边，也可以设置于墙壁、灯柱以及通道的转角处，以适应人流方向为宜（图5-2-4）。

> 图5-2-4　垃圾箱的形态

② 柱头式垃圾箱，顾名思义是以圆形或方筒形作为主要形态，上部是垃圾箱的箱体，下部是结构支撑体。这种类型的垃圾箱多设置于公园、广场、街道以及不做铺装处理的地面或不铺设草坪的场合。柱头式垃圾箱的上部多设置顶盖，这对于垃圾外溢或垃圾箱积水有一定的预防作用。但由于其下部支撑结构所占空间较大，在一定程度上造成了垃圾存储空间被压缩（图5-2-5）。

③ 托座式垃圾箱，与依托式垃圾箱类似，只不过托座式垃圾箱的箱体与承托物是一体的；而依托式垃圾箱的箱体与承载体是相互独立的。托座式垃圾箱一般箱体较小，形状简洁，可以是方形、圆形，也可以是角形，适宜放置于大型垃圾箱无法进入的、较为狭窄逼仄的公共空间之中。从某种程度上看，托座式垃圾箱是对垃圾箱这类卫生设施家族的补充和完善（图5-2-6）。

3）依据垃圾的收集和清理方式划分

① 旋转式垃圾箱，指在垃圾箱的主体和底部之间有一个旋转轴，借助这个旋转支点可以

> 图5-2-5　柱头式垃圾箱

> 图5-2-6　托座式垃圾箱

使垃圾箱360度旋转。这样可以有效摆脱垃圾投放和垃圾清理时的方向制约。旋转式垃圾箱虽然使用起来很方便，但由于支点长期暴露在户外，加之受到污水的侵袭，旋转轴很容易被腐蚀。所以，旋转式垃圾箱在设计时应注意支架结构的坚固性和耐久性。

② 抽底式垃圾箱，指在清理垃圾时采用类似拉抽屉的方式，将垃圾等废弃物从垃圾箱的底部抽取出来的垃圾箱。其投放口较大，使用方便。但由于抽拉频繁，底部箱体轨道易损坏。

③ 启门式垃圾箱，指垃圾箱的箱体部分不是封闭的，而是将其中的一面或一部分设计成一扇门，以便清理垃圾。早期的启门式垃圾箱没有内胆，垃圾往往会附着在箱体的内壁上，难以清理干净，久而久之，垃圾箱就会散发出腐臭味。为了防止类似现象的发生，目前启门式垃圾箱的箱体内部一般都会悬挂一次性塑料袋或简易塑料桶作为内胆，以便于垃圾清理。

④ 嵌套式垃圾箱，指垃圾箱的箱体和垃圾的存储体是相互独立的。使用时将塑料袋、纸袋或尼龙袋等一次性垃圾存储体嵌套在垃圾箱的箱体内部。在清理垃圾时只需更换内部存储体，而无需清洁垃圾箱箱体。这类垃圾箱清理起来方便、快捷，适宜放置在机场、车站、公园以及商业街等人流密集或垃圾箱使用频率高的场所（图5-2-7）。

4）依据垃圾箱的材质划分

① 石质垃圾箱，指垃圾箱的箱体部分是由大理石、花岗岩或预制混凝土等石质材料构成的。这类垃圾箱体感厚重，结构稳固且耐候性好，适用范围广。为了避免石材给人的冰冷感觉，石质垃圾箱在造型设计上往往会模仿某种柱式形态，雕刻一些图案或与其他材质结合，以达到柔化其高冷形象的目的（图5-2-8）。

> 图5-2-7　嵌套式垃圾箱

> 图5-2-8　石质垃圾箱

② 木质垃圾箱，指垃圾箱的箱体部分是由竹、木等材质构成的。木质垃圾箱因其形象温暖宜人，而成为公共场所中最为常见的一种垃圾箱。由于竹、木等材质耐腐蚀性较差，长期暴露在户外或公共空间中受风霜雨雪的侵蚀容易老化和腐烂。为了延长其使用周期，这类垃圾箱多采用防腐木，或在竹、木表面做防腐处理（图5-2-9）。

> 图5-2-9　木质垃圾箱

③ 金属垃圾箱，指垃圾箱的箱体是由不锈钢、铸铁或其他合金材质构成的。金属垃圾箱由于造型多变、色泽鲜艳、易于成型、易于清理且耐腐蚀、耐老化而成为公共环境中最为常用的一种垃圾箱形式（图5-2-10）。

④ 塑料垃圾箱，指垃圾箱的箱体部分是由工程塑料、树脂或玻璃钢等材质构成的。塑料垃圾箱由于造型轻便、色彩艳丽以及造价低廉而广受青睐。但由于塑料材质的垃圾箱耐候性较差、易老化且不耐撞击，其使用范围往往会受到一定的限制（图5-2-11）。

> 图5-2-10　金属垃圾箱

> 图5-2-11　塑料垃圾箱

（2）垃圾箱的设计与设置

1）垃圾箱的设计

垃圾箱作为城市公共环境设施系统的重要组成部分，其体量虽小，但却是构建和谐、健康以及宜居环境的一个重要元素。在设计垃圾箱时，应该从规划、设计、使用以及维护管理等方面统筹考虑，力求使垃圾箱具备活力性、感觉性、适合性、接近性以及管理性等五种性能。这些观念是公共环境中卫生设施乃至户外休闲设施的核心设计原则，具体如下。

① 活力性指在垃圾箱的造型与色彩设计方面要独具匠心，不可千篇一律，要超脱垃圾箱代表着肮脏、污秽的惯性思维，以多变的造型、明快的色彩而使垃圾箱带给人一种洁净感和艺术感。

② 感觉性就是好感性，即公众对垃圾箱的认可程度。垃圾箱是公共空间必不可少的环境设施，其存在的目的就是为公众服务，所以垃圾箱的设计从造型、色彩以及材质的选择上都要能够满足人们的审美需求。因为只有产生好感才会有使用的兴趣，也才能进一步提升垃圾箱的使用效率。

③ 适合性是指垃圾箱的设计要充分考虑所要设置地域或环境的具体条件。不同的地域、不同的环境由于其文化特征、气候条件以及使用要求的不同，对垃圾箱的形态、色彩、材质以及大小需求也不同。如人流量大的公共场所，适宜放置大容量的垃圾箱，多雨地区适宜放置耐腐蚀性高的垃圾箱。所以垃圾箱的设计不可拘泥于定势思维或固有形式，而应依据不同地域和场所环境的具体情况进行设计。

④ 接近性指垃圾箱的尺度宜人、标识鲜明，便于公众使用。由于垃圾箱的第一要务是满足人们投放废弃物的要求，所以它的尺寸必须符合人的基本行为尺度，而且这个尺度应该在95百分位之上。以平均身高为175厘米的人体为例，人在站立时地面至手心的高度约为75厘米，地面至肘部的尺寸约为105厘米。取手心至肘部的中间距离，则其高度大于为85 ~ 90厘米。这个尺寸是人活动中上肢在提取或拉动物体时最常用的尺寸，同时也是人在投放垃圾时最容易用到的尺寸。所以垃圾箱的投放口距离地面的尺寸设置在80 ~ 95厘米之间最为适宜。低于80厘米或高于95厘米，就会给使用者带来不便，尤其是增加了老人和儿童等群体的投放难度（图5-2-12）。

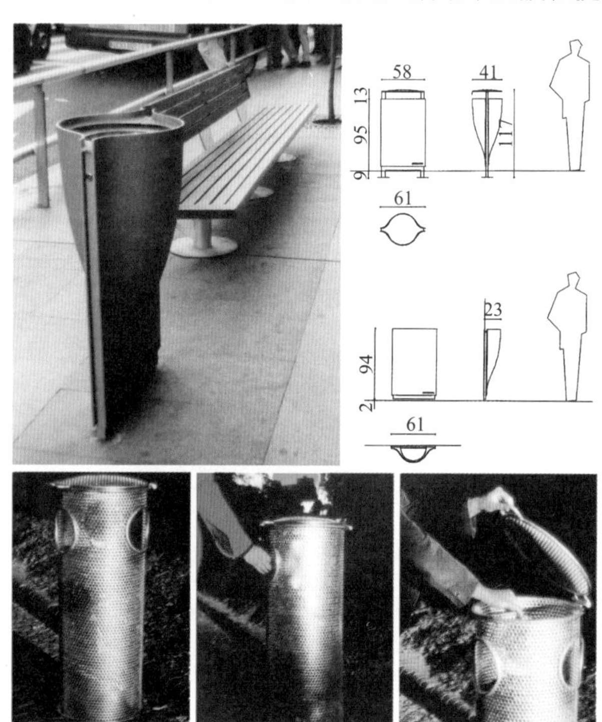

> 图5-2-12　垃圾箱的尺寸

其次，由于近年来倡导垃圾分类投放，所以垃圾箱投放口的标识要明确，可以用文字说明，也可以用图形、图案进行标注和引导，但切不可模棱两可，模糊不清，否则会在无形之中给公众的使用带来不便（图5-2-13）。

⑤ 管理性指垃圾箱的设计要便于后期的清理和维护。垃圾箱的使用是个长期持续的过程，而非一次性使用。

> 图5-2-13　分类投放垃圾箱

所以它的设计首先要考虑后续垃圾处理和清洁的方便性。其次，在材质的使用上尽量采用坚固、耐腐蚀、无污染的材质，以最大限度地延长垃圾箱的使用周期。最后，要考虑垃圾箱回收再利用的可能性。垃圾箱毕竟是公共消耗品，由于频繁的使用加之自然老化，在使用周期结束后，要充分考虑垃圾箱所采用的材质具有再生和可循环利用的能力。

2）垃圾箱的设置

在公共空间中，垃圾乱堆乱放的现象时有发生，究其原因一方面在于公众的卫生习惯有待于改善，另一方面就是垃圾箱位置设置的不合理。由于垃圾箱的设置不合理，即使公众有意愿将废弃物投放至固定的垃圾箱中，也因附近缺少此类卫生设施而无法实现其意愿。要改变这种现状，就要依据科学的原则在公共空间中合理地布置垃圾箱。公共环境中的垃圾箱布置要考虑两个方面的因素，具体如下。

其一是布置数量。垃圾箱的数量往往取决于单位空间中的人流量，人员密集、人流量大的空间，垃圾箱的数量设置应多一些。一般而言，在公园中或步行街上每隔20 ~ 50米就要设置一个垃圾箱；在广场这类人流密集的地方应按照游人容量的20% ~ 25%设置，一公顷的面积上不能少于20个。

其二是分布的合理性，即垃圾箱布置的位置选择。垃圾箱的布置位置应与座椅、灯柱、售卖亭、报刊亭、自助存取款机以及人行天桥等设施相结合。这些设施周围人流量大，最易产生废弃物，靠近这些地方设置垃圾箱，可以让人们使用起来更为方便、快捷（图5-2-14）。

> 图5-2-14　与其他设施结合放置的垃圾箱

5.2.2 饮水装置

饮水设施是公共空间中为人们提供饮水或盥洗之用的设备的总称。由于城市发展水平的差异性，饮水设施在国外城市的公共空间中已经成为一种司空见惯的装置，但在我国，这类公共设施依然很少。随着我国城市建设的快速发展以及旅游业的兴盛，人们对公共空中饮水设备的需求日益凸显。

饮水装置作为城市公共卫生系统的重要组成部分，它的设计需要考虑三个方面的问题。

其一，要考虑饮水设施设置的合理性。饮水设施多设置于人员密集、人流量集中或是流动性大的机场、车站、公园、步行街以及风情区等公共环境之中。而且饮水设施应尽量避免独立设置，而应与小型售货亭、购物机以及休息设施相结合，以方便公众饮用、洗手或清洗果品之用。另外，公共空间中的饮水机在建造时还要充分考虑与城市给排水系统的连接，这样可以便于为饮水设备提供水源，同时也有利于污水排放（图5-2-15）。

其二，要考虑饮水设施尺度的合理性。置于公共环境中的饮水设施既然是为公众服务，那么它的尺寸设计就必须符合人的基本尺度。成年人的饮水、盥洗的高度大约为80厘米（即水盆的常用位置高度），儿童的饮水和盥洗高度大约为65厘米。由于出水口一般要高于水盆的高度，为了方便大多数人使用，成人用饮水设施的出水口（水龙头）距地面的高度通常设置在100 ~ 110厘米之间。这样，身体尺度较高的人在使用饮水设施时不至于过度俯身，而较矮的人也不至于要踮起脚尖，从而避免尴尬场面的出现。适于儿童使用的饮水设施其出水口距离地面的高度大于在60 ~ 70厘米之间。这个尺度能满足大多数少年儿童的使用。另外，为了防止流入地面的水对人的衣物或鞋袜造成浸污，可以在饮水设施下面设置高度在10 ~ 20厘米的踏步（图5-2-16）。

> 图5-2-15　饮水机

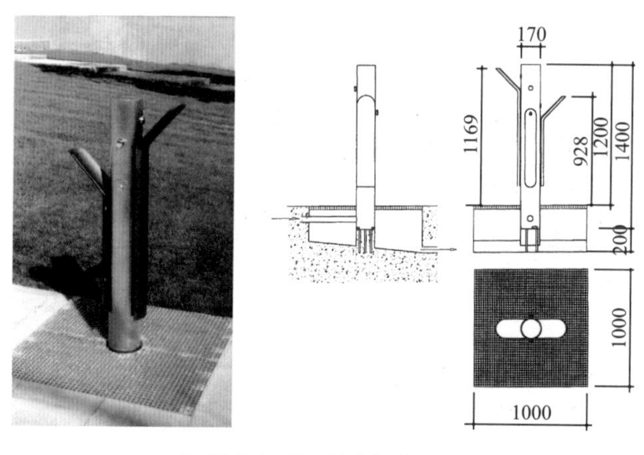

> 图5-2-16　饮水机的尺寸

其三，要考虑饮水设施的艺术性。由于饮水设施本身是一种工业品，工业品给人的印象往往是冰冷的或呆板的。为了淡化这种惯性思维，让饮水设施在满足公众生理需求的同时，也能够很好地美化和装饰城市环境，饮水设施的设计应尽可能摆脱工业风格，谋求与雕塑或公共艺术结合，使其升华为城市艺术品（图5-2-17）。如拉迪设计组在2000年为法国巴黎街头设计的一组“维纳斯”饮水机，即工业与艺术结合的典范，并因其新颖的造型而获得了巴黎市政府的奖励。该设计由两个背靠背的“现代维纳斯”剪影组成，一个虚构的旋转挤压体将两个剪影连接起来，从而形成饮水机的躯干。随着一个剪影到另一个剪影的变形，维纳斯的胳膊从躯干中凸出来，从而将水送出。这一送水的动作由饮水机的躯干来实现，两个剪影分别是这一变化的起点和终点。提供连续不断的水流是这款饮水设施的重要功能，行人只要略微向水柱上方俯身，无需用手就可以直接喝到水（图5-2-18）。

> 图5-2-17　与雕塑结合的饮水设施

> 图5-2-18　维纳斯饮水机

5.2.3　公共厕所

若要考察一座城市或一处环境设计得是否人性化，公共厕所则是最具代表性的参照标准。在传统的城市建设中，公共厕所是最不被重视的设施之一。早在18世纪之前欧洲很多城市都缺少厕所，无论是公共空间还是私人空间，对厕所的重视程度显然都不够，也因此出现了很多令人尴尬的局面。如法国凡尔赛宫由于公厕少，致使有些达官贵人或雍容贵妇在舞会完毕之后因内急，不得不在隐秘的楼梯间或柱脚处小解，长此以往导致室内局部区域出现腥臊恶臭的情况。城市街道也是如此，因缺少公厕，人们往往随处方便，很容易造成环境的肮脏混乱、疾病流行。为改善环境质量，19世纪中叶起欧洲国家在城市环境建设中展开了厕所革命，即在公园、广场或街道周围设立公共厕所。如1833年，英国议会内置的公共散步道委员会提出通过建设厕所等公共设施来改善城市卫生状况，为居民提供一个优美宜居的生活环境。随后，英国通过的《公园法》将这一建设方式以法律的形式固定下来。170年后，类似的事情也发生在我国。当时，很多公园、步行街以及景观广场等城市公共空间因公厕缺乏而导致环境脏乱差的现象屡有发生。为改善城市形象，提升城市品质，许多城市从政府层面发起了一场厕所革命运动，希望通过在公共空间中增加厕所的数量来重建城市环境。

设置于城市公园、广场、步行街、商业街、风景区以及交通枢纽等环境中的公厕有固定

> 图5-2-19　固定式公共厕所

式和移动式两种形式。固定式公厕是以钢筋水泥或金属等建筑材料与地面固定在一起，无法挪动。这种公厕一般体量较大，有男女之分，可同时容纳较多的人同时使用（图5-2-19）。移动式公厕一般以树脂、玻璃钢、彩钢或塑料作为主要建造材料，质量较轻，方便移动，无男女之分。但这种公厕不能容纳多人同时使用（图5-2-20）。无论是固定式还是移动式公共厕所，其造型不必千篇一律，应以公共艺术的思维来设计厕所。其形态既可以是方形的、圆形的，也可是有机型的，不要太过拘泥（图5-2-21）。

> 图5-2-20　移动式公共厕所

> 图5-2-21　公共厕所的造型

在设计上，公共厕所一般要注意以下两个方面的问题。

其一，公共厕所的设计要注重适用、卫生、经济、方便等，在造型上力求与所处环境融合，并结合休息座椅、花坛、盥洗处等设施进行设置。

其二，公共厕所的建设数量要依据设置场所的人流活动频率以及人员密集程度来确定。一般街道公共厕所的设置距离为700 ～ 1000米；商业街和居住区公厕距离为300 ～ 500米。流动人口高度密集的场所如交通枢纽，其厕所的设置距离应控制在300米之内。通过距离的限制，在繁华地段使每500人拥有一座公厕，非繁华地段每800 ～ 1000人拥有一座公厕，从而保证公共厕所的服务半径达到250 ～ 400米的最佳距离。另外，男女蹲位的数量不是随意设定的，而应与该场所的人流分布密度相适应。我国颁布的《公园建设导则》中规定：面积大于10公顷的公园应按游人容量的2%设置厕所蹲位（包括小便斗位数），小于10公顷的按照游人容量的1.5%设置。因男女生理结构的不同，女性蹲位和男性蹲位的比例大约为1～1.5：1，但最佳数量应是女性蹲位为男性蹲位（包括小便斗）的1.5～2倍。

另外，每处公厕必须要有一间，或一至二个蹲位做无障碍设计处理，以方便老年人或残疾人使用。如果场地条件允许，在妇婴群体活动较多的场所附近，公厕内还应设置方便放置婴儿车或是给婴幼儿更换尿裤的设施（图5-2-22）。

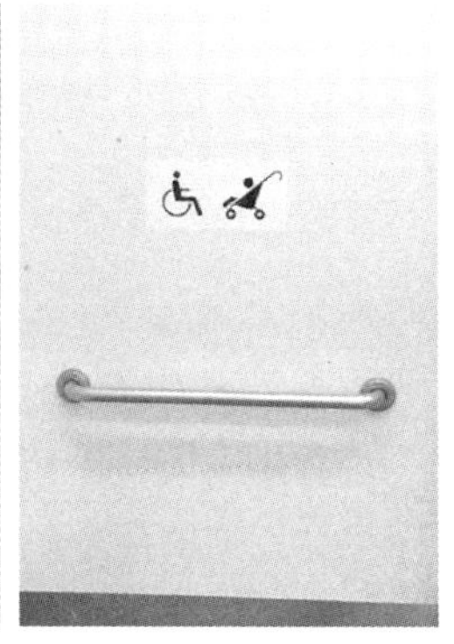

> 图5-2-22　无障碍厕所

5.3　休闲娱乐类设施

城市公共空间中的休闲娱乐设施是人们日常交往、聊天、读书、休息、游戏和观赏风景时必不可少的服务性设施。休闲娱乐设施是否完备，体现了一座城市对市民室外活动与心理和生理需求的关怀程度，是评判城市建设是否具有人性化和城市生活是否具备活力化的重要标准。城市公共空间中的休闲娱乐设施主要涵盖两大类，即街头座椅和游乐健身设施。

5.3.1　街头座椅

城市公共环境中的座椅如同室内的座椅一样，是人们在日常生活中使用最为频繁的设施之一。通常造型优美、色彩温雅且放置适宜的座椅往往会成为公共空间的活动中心，吸引公众前往聊天、休闲、阅读、逗留或是聚会。而且，在公共环境中，座椅的数量越多，则场所的公共性越强。座椅作为公众观赏、休憩、谈话和思考等行为的承载体，为了使其能为人们提供更为舒适、惬意的服务，它的设计须从满足人的生理、心理等方面需求出发，综合考虑其设置、尺度以及材质等多种因素。

（1）街头座椅的设置

座椅的设置包括以下四个方面的内容。

其一，座椅的设置地点。街头座椅与家庭中的座椅不同，家庭中的座椅是为家庭成员等少数人提供服务，在位置的布局上只需要考虑功能的合理性以及使用的方便性即可；而街头座椅作为为公众服务的公共性设施，它的服务对象复杂且广泛。在位置的布局上要从大众的心理需求出发，进行精心规划、合理布局。在日常生活中，人们在选择公共空间的座椅时通常会受到“边角心理”的影响，喜欢选择靠墙或视野开阔的广场边缘的座位就座，尤其是靠近墙垣、绿化以及位于公共环境凹处、转角处地方的座椅因能提供亲切、安全和良好的微环境而备受公众的青睐。而置于开敞空间中央地方的座位由于过于暴露往往被人们的冷落（图5-3-1）。

其二，座椅的设置朝向。公共空间中的座椅除要考虑放置的地点之外，还要考虑座椅的朝向以及人们的视野。朝向和视野对于公共座椅的选择和使用具有重要的影响。有机会观看各种活动是公众选择座位的一个关键因素，能欣赏周围人群活动或优美风光的座椅往往要比无法看到旁边景致的座椅在使用频率上要高得多。不难看到，在各种城市公共空间中那些背靠背设置的座椅中，面向道路或人群的椅子总是座无虚席，而背向道路的则很少被使用（图5-3-2）。建筑师约翰·莱利（John·Lyle）曾对丹麦首都哥本哈根铁凤里游乐场的公共设施使用率做过专项调查。调查表明，沿游乐场主要街道布置的座椅由于可以看到游乐场里的各种表演活动，其使用率最高，反之，背向游乐场的座椅却乏人问津。当人们选择在公共空间中驻足休憩时，总希望马上能领略到该场所的各种优越条件，如特殊的地势、空间、气候以及景观等方面。其中还有一个重要因素是必须要考虑的，即阳光和风向。光线充足、避风良好且不受外界干扰的座椅通常成为公众进行交往活动的首选（图5-3-3）。

> 图5-3-1　设置在凹处的座椅

> 图5-3-2　面向街道的座椅

> 图5-3-3　向阳背风的座椅

其三，座椅的布局。座椅位

置的布局对人们的交往行为会产生重要的影响。爱德华·T·霍尔在《隐匿的尺度》一书中就公共座椅布局与人的交流可能之间的关系进行了详细的论述。他指出，如果座椅背靠背布置，或座椅之间有很大的空间，就会有碍于交往，甚至交往不能进行。机场、车站的等候厅以及飞机和高铁的座椅安排就是一个明显的例子。后排的人只能看到前排人的后脑，没有人愿意俯过身去和一位陌生人交谈，除非有紧急的事情（图5-3-4）。相反，路边的咖啡座由于是围绕桌子布局或面对面布局（图5-3-5），这样就增加了交往的可能性。为了促进人们的交往，在公共空间的座椅规划时，设计师应尽量使座椅的布局及其形态具有更多的灵活性，而不仅仅是简单地背靠背、面对面布置。座椅的造型也不仅限于正方形和长方形。如成角布局（以90°或120°为宜）、半围合布局或采用圆形、半圆形造型的椅子通常有助于交往或观景等行为的进行（图5-3-6）。当座椅成角度布局或采用半圆形时，如果两个人彼此之间都有交流的意愿，攀谈就会容易些，如果不愿交谈，也可以各自观赏自己感兴趣的景致，无需尴尬（图5-3-7）。

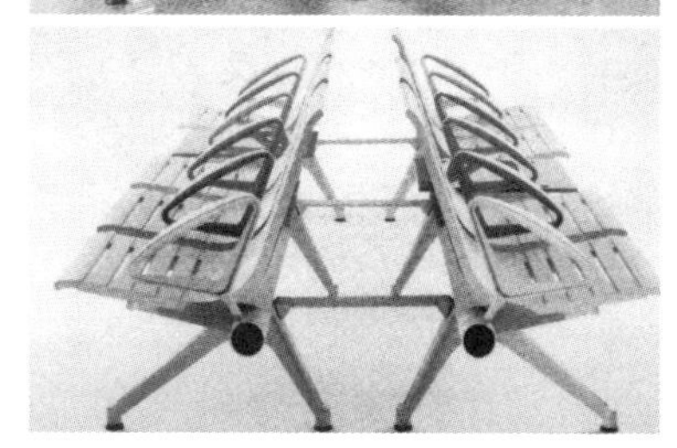

> 图5-3-4　不适宜交谈行为的座椅布局

其四，座椅布置与场所的功能一致。任何街头座椅都是放置在一定功能空间之中的。空间功能的定位不同，座椅的布置也应因时、因地而异。在休憩空间中，观赏是随机性最强的内容，无论是公共性场所还是私密性场所，都需要为观赏提供条件。观赏的对象可以是风景也可以是人，但需要避免与私密环境对视的可能性。休息空间通常与人行道或步行道关系密切，座椅的设置应与人行道或步行道接近，以方便公众使用，并尽量形成相对安静的角落和

> 图5-3-5　适宜交谈行为的街头座椅

> 图5-3-6　圆形、半圆形座椅

> 图5-3-7　成角度布局的座椅

提供观赏的条件。休息场所中的座椅宜数量众多、布局集中、形态多样，并与树木、花坛、候车亭、垃圾箱、饮水设施以及公共厕所相结合（图5-3-8），或设置在这些设施的周边。交流场所需要一定的私密性，座椅的安排应该远离步行道或其他活动空间，座位以2 ~ 3人为宜，且适于独立分散设置。用于思考或读书的公共空间，由于需要更安静的环境，为避免相互干扰座椅形式宜采用半封闭或半围合式布局，座位以适于1 ~ 2人为宜，座椅的形态以小巧、简单为佳（图5-3-9）。

> 图5-3-8　与花坛结合座椅

> 图5-3-9　适合静思的座椅

街头座椅的布置在设计时除考虑上述因素外，还要注意以下几点。

一是沿街设置的座椅不能影响正常的交通，尤其是不能阻碍人行道的正常通行。座椅需要与人行道上主要的人流路线保持足够的距离，以便给行人留下足够的行为空间（图5-3-10）。

二是在有残疾人和行动不便的老人经常出现的场所，诸如公园、广场等区域，座椅两侧及前方应给轮椅预留足够的空间，这样，不仅为坐在轮椅上的人与坐在公共座椅上的人轻松交流提供了可能性，也为老年人在胸前或座椅侧面放置拐杖提供了便利（图5-3-11）。

三是公共环境中座椅数量的设置要有科学依据，不能随意布置。一般，公园、广场、步行街、街头绿地和交通枢纽中的公共座椅数量应按游人容量的20% ~ 30%设置，但平均每公顷陆地面积上的座位数最低不得低于20个，最高不得高于150个，以免因数量设置不合理而造成不足或浪费（图5-3-12）。

> 图5-3-10　公共座椅与人的流线关系

> 图5-3-11　考虑轮椅停放的座椅设置

> 图5-3-12　座椅数量与人的就座心理

> 图5-3-13　座椅大小与人的就座心理

四是在人流量较大，只能供人短暂休憩的公共场合还应考虑座椅布置的利用率。依据人在环境中的行为心理，通常会出现适合五六人坐的座椅仅有两三人坐，或两人座椅只坐一人的情况。研究表明，长度约为2000毫米的三人座长椅适应性是最高的，或在较长的椅子上用扶手或材质适当画线分格，也可以起到提高座椅利用率的作用（图5-3-13）。

（2）街头座椅的尺度

街头座椅作为支撑人体重量的一种公共设施，与人的身体接触最为频繁，所以座椅的设计必须以人体为依据，使其高度与宽度符合人的基本生理尺度，以便提高人们在使用时的舒适度。一般情况下，座椅的设计以人的下肢高度为参照。我国中等人体地区成人T项腓骨头的平均长度为382 ~ 407毫米，加鞋底厚度20毫米，等于402 ~ 427毫米。依据这个尺寸，户外座椅的高度设计应在390 ~ 410毫米之间为宜。当座椅的坐面高度小于下肢长度50毫米时，人体体压较集中于坐骨骨节部位；当等于下肢长度时，体压稍分散于整个臀部，这两种情况较适合于人体生理现象。当座椅的坐面高度小于380毫米时，就会增大起身的难度，尤其是对老年人而言，这种情况会更严重。如果座椅的座面高度大于下肢50毫米时，体压分散至大腿部分，使大腿内侧受压，血液流通不畅，会引起脚趾皮肤温度下降以及下肢肿胀等现象的发生。所以，街头座椅的座面高度以等于或小于人的下肢平均长度，即在400 ~ 420毫米之间最为合适，最高不要超过450毫米（图5-3-14）。

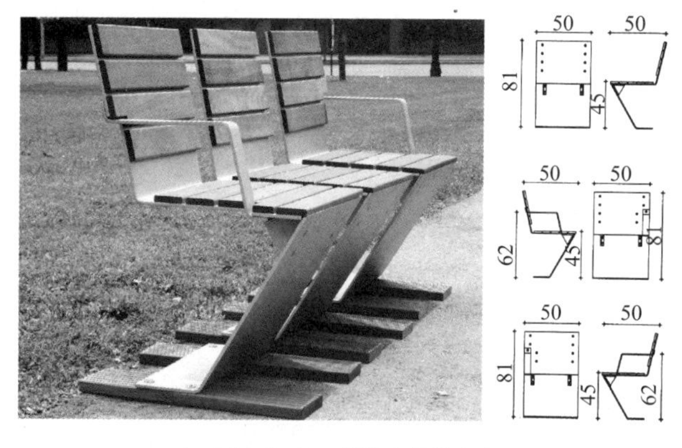

> 图5-3-14　街头座椅的高度

为使座椅能给公众以舒适和安全的享受，街头座椅必须具备五个方面的功能，即对骨盆的支撑、水平座面、支撑身体后仰时升起的靠背、支持大腿的曲面、光滑的前沿周边。

一般情况下，整个腰部的支撑在肩胛骨和骨盆之间，动态的坐姿需要持久地与靠背接触才不至于很快疲劳。

人体在采取坐姿时，躯干直立肌和腹部直立肌的受力最为显著，据肌电图测定，当椅面高100 ~ 200毫米时，此两种肌肉活动最弱，因此除体压分布因素外，依此观点，作为休息的座椅、躺椅的椅面高度应偏低，一般软质座椅（如沙发）高度以350毫米为宜，其相应的靠背角度为100°，躺椅的椅面高度宜为200毫米，其相应的靠背角度为110°（图5-3-15）。

座椅的座面常有平直硬座面和曲线软座面两种。前者体压集中在坐骨骨节部位，后者可稍分散于整个臀部。坐姿时人的坐深（从臀部后缘至膝部后侧的直线距离）平均为425 ~ 445毫米，坐姿臀宽（臀部外侧间的最大水平距离）平均为410 ~ 420毫米。所以，座面的设计要符合人的坐深和坐宽尺度。当座面深度小于330毫米时，就无法使大腿充分均匀地分担身体的重量；当座面深度大于410毫米时，座面前缘有可能碰到小腿，为使身体舒适，坐者会迫使其身体由靠背往前滑动脱离靠背，否则座面的前沿会因抵住大腿内关节而阻碍小腿的血液循环，这两种情况均可造成不适。当座椅座面宽度小于410毫米时，会使座椅无法容纳人的整个臀部，且因肌肉接触到座面边缘而受到压迫，并使接触部位所承受的单位压力增大而导致不适。所以，单人座椅的座深一般为430 ~ 520毫米，座宽在420 ~ 460毫米之间为宜。

处于休憩类公共座椅的座面，宜以坐位基准点为水平线使座面向上倾斜，一般座椅上倾角为3° ~ 5°，沙发类6° ~ 13°，躺椅类14° ~ 23°。为使座椅更舒适，座面与靠背的角度应合理，不能使臀部角度小于90°，这样易使骨盆内倾导致腰部拉直而造成肌肉紧张。靠背与座面的角度一般在90° ~ 100°，休息类座椅一般在100° ~ 110°之间为宜（图5-3-16）。

> 图5-3-15　公共空间中的躺椅

> 图5-3-16　适宜的座椅角度

为防止公共座椅的椅面前段压迫膝部内侧，座面前缘应有25 ~ 50毫米的圆倒角，才能避免大腿肌肉受到压迫。在取坐位时，成年人腰部曲线中心约在座面上方230 ~ 250毫米处，大约和脊柱腰曲部位最突出的第三腰椎的高度一致。如果街头座椅要设置腰靠，一般腰靠的高度应略高于此，通常取365 ~ 500毫米（背长），以支持背部重量，腰靠本身的高度一般设计为150 ~ 230毫米，宽度为330毫米，过宽会妨碍手臂活动，过窄又不足以支撑整个腰部的重量。腰靠一般为弧度半径在310 ~ 460毫米范围内的曲面形，这样可以与人的腰部曲线吻合。由于成年人的坐高（椅面至头顶的垂直距离）在825 ~ 877毫米之间，所以，较为舒适的休息类座椅整个靠背的高度可以比座面高出530 ~ 710毫米，高度在330毫米以内的靠背可以让肩部自由活动（图5-3-17）。

> 图5-3-17　低腰靠的座椅

公共空间中的座椅有些设置了扶手。扶手的作用可以用于划分空间，也可以用来支撑手臂的重量。作为起坐的支撑点，从这一点来看，带扶手的座椅尤其适合老年人使用。舒适的休息类座椅的扶手长度可与座面相同，甚至略长一些。扶手最小长度应为300毫米，210毫米的短扶手可以使椅子更贴近桌子，方便前臂在桌子上有更多的活动范围，这类扶手多见于路边的咖啡座椅。但扶手的最短长度应不小于150毫米，以便支撑手肘。扶手的宽度一般在65 ~ 90毫米之间，扶手之间的宽度为520 ~ 560毫米。扶手的高度一般约为180 ~ 250毫米，边缘应光洁柔和，有良好的触感。

（3）街头座椅的材质

公共环境中座椅的材质多种多样，千姿百态。一般而言，街头座椅常用的材质有木质、石质、塑料以及金属等。不同的材质所适应的场所环境以及所传达的情感也不一样（图5-3-18）。

> 图5-3-18　不同材质的座椅

① 木质座椅。木质座椅指座椅的座面和靠背等主要部分由木材（包括木板或木条）构成。木材由于质地松软、肌理美观且易于加工而成为街头座椅的首选，在北方地区尤为受到公众的青睐。但由于木材耐腐蚀性较差，长期暴露在室外而受风雨侵蚀，容易损坏。所以，以木材为主的座椅在设计前需作防腐处理。

② 石质座椅。石质座椅指座椅的主要部分是由花岗岩、大理石或混凝土等材质构成的。石材不仅质地坚硬、纹理美观，而且耐腐蚀、耐冲击，装饰效果好。但受加工技术所限，石质座椅的造型较为单调，且座面坚硬、冰冷，这在一定程度上削弱了公共座椅的舒适性要求。

③ 塑料座椅。塑料材质由于可塑性强，色彩鲜艳以及造价低廉而成为街头座椅的新宠。塑料座椅因质量轻便，耐腐蚀性较强，特别适宜作为户外可移动的座椅材料。如街头咖啡座通常使用的都是塑料材质的座椅。

④ 金属座椅。金属一直是街头座椅的主要材质。在金属材料中，钢铁和铝合金是最为常用的金属材料。由于这两种材质具有良好的物理和机械特性，且价格低廉，易于加工故成为公共座椅的首选。金属座椅虽然耐候性、耐腐蚀性强，但由于金属热传导性高，冬夏时节表面温度难以适应座面要求，在使用率方面受到一定的限制。

街头座椅的材质除上面介绍的一些常见的之外，陶瓷以及高分子复合材料也经常被运用到户外座椅的设计之中。无论是用什么材质，在设计上都要充分考虑公共座椅的可持续性，即座椅在使用过程中的管理、维修以及后期的循环利用等问题。

5.3.2 游乐与健身设施

公共空间中的游乐与健身设施不仅能够满足人们游玩、休闲之需，同时还可以强健人的心智与体能，提高人们的生活品质。因此，游乐与健身器材已成为公园、广场以及社区必不可少环境设施。

（1）游乐设施

设置在城市公园、绿地广场以及居住区中的游乐设施在给儿童带来欢乐的同时，也于潜默之中创造性地开发了他们的智力，培养了他们的协调能力与协作精神，对于促进儿童身心健康成长能起到良好的作用。正如小皮亚杰所说：“儿童游戏乃是一种最令人惊叹不已的社会教育。”

1）游乐实施的类型

游乐设施是供少年儿童嬉戏、玩耍的健身、游戏设备，它的设计需要依据不同年龄段儿童的生理尺度和心理活动特点展开，既要满足不同年龄群体儿童的活动要求，也要避免其他年龄段少年儿童因使用不当而使设备损坏或造成安全隐患。按照少年儿童的活动特征和活动需求，常见的游乐设施大致可分为以下几种类型。

① 攀爬类：这类游乐设施以木材、金属、橡胶或绳索组成构架，供儿童上下攀爬，在架上做各种动作，有利于训练儿童的灵活度和平衡感。为适应儿童的人体尺度，常用的攀爬架

每段高度以50 ~ 60厘米为宜，由4 ~ 5组架构组成，为安全起见，总高度不超过250厘米。攀爬架可以设计成梯子形、圆筒形、圆锥形或动植物形。材质以软质材料为主（图5-3-19）。

> 图5-3-19　攀爬类游乐设施

② 滑行类：滑行类游乐设施是一种结合了攀爬和滑行两种游戏的设备，如滑梯，是儿童活动空间中最为常见的一种游乐设施。为保证滑行类设施使用的安全性，滑梯的标准倾角为30° ~ 50°，高度在120 ~ 150厘米之间。着地部分通常设置沙坑、草坪、橡胶粒或海绵垫。

③ 摇荡类：通常是以绳索或悬臂为支撑点能够前后摇摆的游乐设施，如秋千，因其结构简单，占地面积小，可以随意设置等优点而成为公园、广场、社区等公共空间中最为常见的游乐设施。为防止儿童跌落受伤，其周围的地面铺装应以橡胶、海绵等柔性材质为主。

游乐设施的类型除以上几种外，常见的还有回旋类、起落类、悬吊类等。但在实际情况中，这些设施很少单独设置，而是采用组合式，将不同的类型结合在一起，成为一组大型的综合游乐设施（图5-3-20）。

> 图5-3-20　组合式游乐设施

2）游乐实施的设计原则及设置

游乐设施不同于其他公共设施，由于它的服务对象是儿童或青少年群体，所以在这类设施的设计上要遵循以下几点原则。

① 安全性原则。安全性是游乐设施的第一要务。设计时，务必坚持“坚而后论工拙”的建造理念。“坚”就是坚固、耐用，其实质就是追求安全。游乐设施的安全性原则体现在两个方面：其一是结构的安全性，即游乐设施的结构、元件在连接时必须坚实，不可松动，且应避免构造上的硬棱角裸露在外；其二是材质的安全性。供儿童使用的游乐设施务必采用无污染、无毒性、无辐射的环保材料，以免对儿童成长造成潜在威胁。

② 适宜性原则。游乐设施的服务主体既然是青少年和儿童，那么它的形态、结构以及色彩就必须适应这一群体的生理和心理需求。由于青少年及儿童好奇心、探索欲旺盛，其游乐设施的嬉戏方式和色彩设计就需要从这一理论出发，开发出适宜这个年龄段群体的游戏空间、游戏形式以及绚丽多姿的造型和色彩。同时，游乐设施的尺度设计应参照儿童群体常用的人体尺寸、动作范围尺度以及身高、体重等相关数据，即设施物体应遵循人体工程学原理和科学的测量数据展开设计，包括儿童攀爬的高度、抬脚的高度以及手的握维等。依凭这些数据设计制作出的游乐设施可以在最大程度上适应儿童的活动行为。另外，游乐设施的内容应保证安全、卫生，以及适合少年儿童的特点，以利于开发智力，增强体质，不宜选用强刺激性和高能耗的机械。

③ 便利性原则。相关统计资料表明，儿童的活动场所半径是有一定范围界限的。3 ~ 6岁儿童的嬉戏和游乐场所至住宅的最大距离为一般80米。6 ~ 12岁儿童的游戏场所到住宅的最远距离通常为300米。由此可知，游乐设施最好不要脱离社区设置在远离居住区的公园和广场上，而是尽量结合社区绿地或小广场将设施设置在社区内部，且可以相互配合，取长补短，在邻近的社区内设置类型、内容以及造型各异的游乐设施和器械，以便于儿童到达并选择自己喜好的活动项目。

在游乐设施的设计方面，除了要重视它的尺度、造型、色彩以及种类符合儿童的人体尺度与儿童心理特点之外，还要关注游乐设施的设置。由于少年儿童的嬉戏会产生一定的噪声，势必对周围人群的行为活动造成干扰。所以，对于设置游乐设施的公共空间，如公园内儿童游乐场所应与安静休息区、游人密集区以及城市干道之间有一定的距离，或是用园林植物（绿篱、树阵等）以及自然地形等构成隔离带。居住区内的游乐场所需单独开辟，且该场所应以设置体积小和噪音小的游乐设施为主。

（2）健身设施

健身设施指设置在社区、公园或广场中的体育健身器材。它不仅为居民强身健体提供便利的条件，同时也为居民休闲、游乐提供载体。随着人们健康意识的不断增强以及全民健身意识的觉醒，借助健身设施强健身体、提高身体素质已成为居民日常生活不可或缺的一部分。

1）健身设施的类型

健身设施（图5-3-21）依据不同的形态和功能大致可以分为五种，即伸展类：如有肋木架、压腿杠以及上肢牵引器等；扭腰类：如扭腰器、转盘等；有氧类：如太空漫步机、仰卧起坐架、健骑机以及滑跑机等；力量类：如单杠、双杠等。

> 图5-3-21　健身设施

2）健身设施设计与设置的原则

健身设施虽然具有普适性，且使用简单，但它毕竟是器械，具有一定的危险性。因此，健身设施在符合人的基本尺度的前提下，还要从外形、结构、负荷力、稳定性、安全警示、设施安装以及场地要求等方面遵循下列原则，以确保使用的安全性。

① 安装健身设施的场地及周围环境应符合以下要求：a.健身设施距公共空间中架空高低压电线的水平距离不小于3米。b.健身设施距公共空间中地下管线边缘的水平距离应不小于2米，距各类办公、居住以及各类楼堂管所等建筑的水平距离应不小于5米。c.可供夜间使用设施的场所，在设施边缘2米的范围内，灯光照度应不小于15Lx。d.健身设施应远离易燃、易爆和有毒、有害的物品，场地建设应符合国家有关安全方面的规定。

② 健身设施的地面安装及其埋入地下的结构，应符合下列要求：a.埋入地下的设施立柱，应可靠地固接横向支承或支承盘。b.安装设施的土质，在距地表800毫米深度以内应为紧固系数不小于0.7的Ⅱ类普硬土及其以上的非疏松性和非沙壤土类的地质结构；否则，应将该土质等效处理后方可安装健身设施。c.健身设施立柱埋入地下的深度，当设施地面以上的高度为2米时，地下埋入部分应不小于0.5米；设施地面以上的高度为大于1米且不超过2米时，地下埋入部分应不小于0.4米，设施地面以上的高度为1米时，地下埋入部分应不小于0.3米。设施立柱底部以下应有不小于0.1米厚的混凝土支承层。d.健身设施安装各支承立柱混凝土地基坑的水平尺寸应不小于0.4×0.4米，且不应将混凝土地基处置为上大下小的形状。e.设施安装后，各支承立柱和主体应保证与安装地面垂直，垂直度公差应不大于1/100。f.距健身设施地基外部边缘0.5米范围的地面应进行硬化处理，如混凝土硬化、夯实土质后的砖石铺砌等；设施地基及其周围的硬化表面不应高于安装器材周围的地面。g.单杠、双杠、天梯、秋千等上下运动弹跳或可能从空中运动跌落的设施，其运动地面应为松软或富有弹性缓冲的地面，如沙土层、橡胶地板等。若为橡胶地板时，其地板的结构厚度应不小于0.25米；若为沙坑时，沙层厚度应不小于0.2米，且沙坑周边应有适当高度的凸台围护，凸台的棱边、尖角处应设置为半径不小于0.1米的圆角。

此外，健身设施的设计与安装应确保稳固、可靠和垂直，不应有基础部件和支承部件的松动和晃动现象。

5.4　交通安全类设施

人们每天的生活离不开特定的行为活动。特定的行为活动包括日常出行、上下班以及旅游等。人们出行无论是驾车、乘车、骑行还是步行都不可能离开相关交通设施的参与。城市中的各类公共照明灯具、公交站点、自行车架以及交通护栏等都属于交通设施，其主要功能在于保障人、车的行为秩序与交通安全。

5.4.1　照明灯具

照明灯具是城市中最常见的环境设施之一。它的作用主要体现在两个方面：其一是为公众提供最基本的照明，以保证人们的各类夜间活动正常进行以及防止事故与犯罪发生；其二是渲染环境氛围，装饰与美化环境，最终达到提升环境品质的目的。

（1）照明灯具的类型

城市公共环境中的照明灯具依据其用途可以分为功能性照明灯具和装饰类照明灯具两大类。

1）功能性照明灯具

功能性灯具是一种以照明为主、装饰为辅的灯具。这类灯具的照明主体部分内部装有反光板或遮光板等控光部件，可以根据环境的实际需要，对光源的光通量进行重新分配。这样不仅可以使配光更符合道路照明要求，同时也能提高光源的利用率并有效控制眩光。由于这类灯具强调照明效果而不注重装饰性，所以更适合主要干道、市政广场、停车场以及交通枢纽和体育场等大型公共空间。功能性照明灯具依据其尺度又可以细分为以下两类。

① 主干道和停车场路灯

> 图5-4-1　主干道路灯具

城市主干道和大型停车场的照明灯具高度一般在4 ～ 12米之间，通常采用较强的光源和远距离列置（一般为10 ～ 50米）（图5-4-1）。另外诸如工厂、操场以及加油站等非交通空间的照明灯具，在形式上基本也是借鉴主干道和停车场的灯具照明方式，只不过在高度上略有变化，依据场所的尺度一般灯柱高度在6 ～ 10米之间。这类照明灯具的设计需要考虑光线投射物角度的控制，以免对场地之外的环境造成光污染。

② 高杆（半高杆）照明灯具

高杆照明灯具一般设置于城市的站前广场、露天体育场和大型展览场等尺度较为宏大的空间之中。它的灯柱高度可达20 ~ 40米之间（图5-4-2）。半高杆照明（也称中杆照明）高度为15 ~ 20米（若按常规照明方式配置灯具时，属常规照明；按高杆照明方式配置灯具时，属高杆照明）。由于这类灯具高度较为突出，往往会成为一个区域或场所的标志物。与城市主干道的照明灯具一样，高杆照明灯具也属于区域照明。所以，这类灯具的灯光设计要注意照明的方向与角度，以防对场所之外的环境造成光源干扰。

适宜于城市干道、停车场、市政广场以及交通枢纽区域的照明灯具在照明方式上通常以常规照明为主。常规照明是指一个或两个光源安置在高度等于或小于15米的灯杆上进行照明的方式。采用常规照明方式时，为了不减少安装光源一侧路缘和人行道的亮度，灯具的光源中心至装灯一侧路缘的水平距离，即光源延伸至灯杆之外的悬挑长度*oh*不宜超过灯具的光源中心至路面垂直距离的1/4，即灯具安装高度*h*的1/4[1]。灯具的悬挑过长不仅会因高度和长度的不协调而影响灯具的美观，同时还会影响灯杆的强度，尤其是在遭遇大风的情况下，光源部分容易晃动，甚至脱落，给行人和车辆安全带来潜在的威胁（图5-4-3）。

> 图5-4-2　高杆灯具

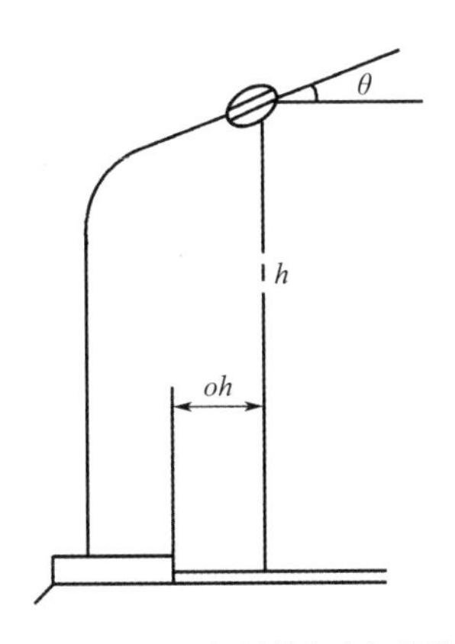

> 图5-4-3　灯具的高度与悬臂

采用高杆照明方式时应合理选择灯杆灯架的结构形式、灯具及其配置方式，确定灯杆安装位置、高度和间距以及灯具最大光强的投射方向，并处理好功能性和装饰性二者的关系。在具体设计方面应符合下列要求。

a.可按不同条件选择平面对称、径向对称和非对称三种灯具配置方式。布置在宽阔道路及大面积场地周边的高杆灯宜采用平面对称配置方式；布置在场地内部或车道布局紧凑区域的高杆灯宜采用径向对称配置方式；布置在多层大型立体交叉或车道布局分散的立体交叉道

---

[1] 王昀，王菁菁编著.城市环境设施设计[M].上海：上海人民美术出版社，2006：85.

路的高杆灯宜采用非对称配置方式。无论采取何种灯具配置方式，灯杆间距❶与灯杆高度之比均应根据灯具的配光类型以及光度参数计算确定，如采用普通截光型路灯按平面对称式配置灯具的高杆灯，其间距和高度之比以3 ：1为宜，不应超过4 ：1；采用泛光灯❷按径向对称式配置灯具的高杆灯，其间距和高度之比以4 ：1为宜，不应超过5 ：1；采用泛光灯按非对称式配置灯具的高杆灯，间距和高度之比可以适当放宽一些（表5-4-1）。

表5-4-1　灯具配光类型

灯具类型	最大光强方向	在指定的角度方向上所发出的光强最大允许值	
		90°	80°
截光型	0° ~ 65°	10cd/1000Lm	30cd/1000Lm
半截光型	0° ~ 75°	50cd/1000Lm	100cd/1000Lm
非截光型	—	10cd	—
不管灯泡发出多少光通量，光强最大值不得超过1000cd			

b.灯具的最大光强投射方向和垂线交角不宜超过65° 。

采用常规照明时，为了不减弱光源一侧路缘和人行道的亮度，主干道和大型场地专用灯具的仰角宜设置为15° 左右。若灯具的仰角过大，容易产生眩光❸，会对道路转弯处行人车辆的视线造成刺激，导致交通事故的发生。若仰角为0° ，则又会影响灯具的美观。所以，一般照明灯具的仰角通常控制在5° 左右（图5-4-4）。

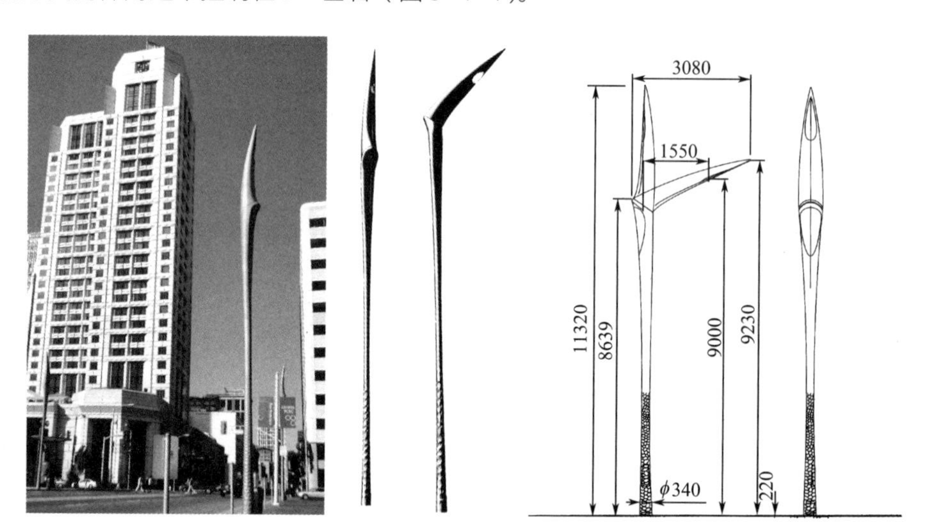

> 图5-4-4　灯具的倾角设计

❶ 灯杆间距指沿道路的中心线测得的相邻两个灯具之间的距离。

❷ 泛光灯指光束发散角（光束宽度）大于10° 、作泛光照明用的投光器。通常它所射出的光能指向任意方向，并具备经得起风雨侵蚀的结构，在恶劣天气条件下仍能正常工作。

❸ 由于视野中的亮度分布或者亮度范围的不适宜，或存在极端的对比，以致引起不舒适感觉或降低观察目标或细部的能力的视觉现象。

2）装饰性照明灯具

装饰性照明灯具指以装饰和美化环境为主要功能的户外灯具。装饰性灯具要求具有较高的艺术性和美学性，灯杆和灯头要求造型独特、线条优美，制作精良。需要强调的是，装饰性照明必须服从功能性照明的要求。这类灯具一般多用于公园、广场、商业街、散步道以及街头绿地等规模较小的公共空间。依据灯具的尺度和大小，装饰性灯具可以分为两种类型。

① 低位置照明灯具。低位置照明灯具特指总尺度在人的视线以下，高度大约在0.3 ~ 1.0米之间的灯具类型，如草坪灯即属于此类灯具。这类灯具的灯头部分一般由装饰性的透明部件围绕光源组合而成（图5-4-5）。因其光线温婉亲切、朦胧多情，通常以较小的间距（6 ~ 10米）为人们的休憩活动提供路径照明，适于布置在庭院、广场、园路以及散步道等空间尺度较小的环境之中（图5-4-6）。

② 步行街和散步道路灯。用于步行街和散步道的照明灯具高度一般在1 ~ 4米之间，间距在15 ~ 30米之间。根据灯具形态可分为筒灯、球灯、面灯以及可调节形灯（图5-4-7）。由于这类灯具是装饰兼顾照明，所以它的布列较为随意、自由，既可以单列也可以双列等距布置。无论何种排布方式都要注意灯具光源与人的视觉距离，以防止失当的距离和高度造成眩光或失能性眩光[1]。

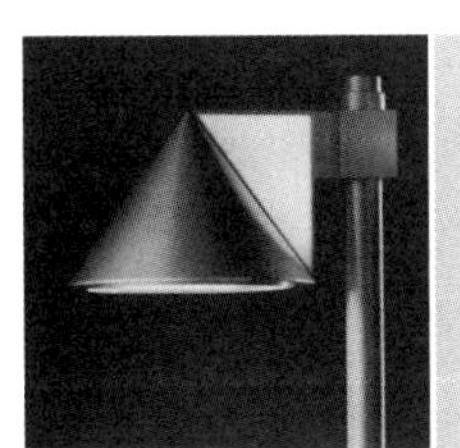

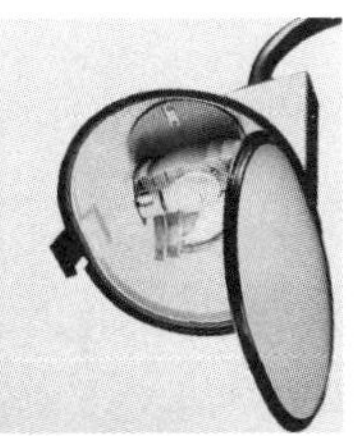

> 图5-4-5　低位置灯具及结构

> 图5-4-6　低位置照明灯具

> 图5-4-7　步行街路灯

在照明方式方面，由于低位置灯的照明功能相对较弱，所以不像高柱灯和干道灯那样对灯的悬臂长度和光源倾角有着严格的要求。这类灯具的悬臂一般结合光源，造型轻盈优美，形态舒展，不会给人一种沉重感。若是筒灯等结合反射板造型，依据照射面其仰角范围可在5° ~ 15° 范围内或自由调节（图5-4-8）。

[1] 降低视觉对象的可见度，但不一定产生使人不舒适感觉的眩光。

> 图5-4-8　带反射板的灯具

（2）照明灯具的布列方式

公共空间中的照明灯具布列方式有单侧布置、双侧交错布置、双侧对称布置、横向悬索布置[1]以及中心对称布置五种类型（图5-4-9）。其中单侧布置、双侧交错布置和双侧对称布置是公共环境中最为常见的三种。照明灯具布列方式的选择并不是随意确定的，而是与道路的宽度（w）、灯具的安装高度[2]（h）、安装距离[3]（s）以及灯具的配光类型有关。《城市道路照明设计标准》中对此给出了具体的建议和w-h-s之间的换算方式（表5-4-2）。

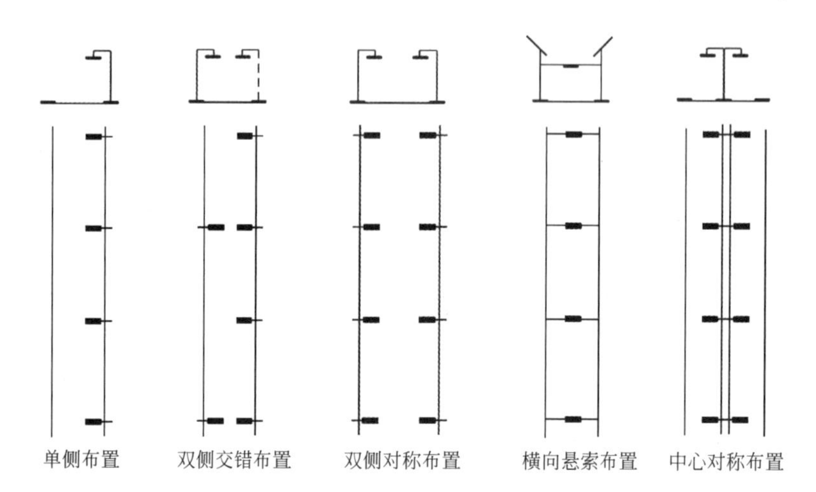

> 图5-4-9　灯具布置图

❶ 横向悬索布置方式主要用于树木多、遮光严重的道路或楼群，以及难于安装灯杆的狭窄街道。

❷ 安装高度指灯具的光源中心至路面的实际距离。

❸ 安装间距指沿道路中心线测得的相邻两个灯具的安装距离。

表5-4-2　布灯方式及相关要求

配光类型	截光型		半截光型		非截光型	
布灯方式	安装高度h（m）	安装间距s（m）	安装高度h（m）	安装间距s（m）	安装高度h（m）	安装间距s（m）
单侧布置	$h \geqslant w$	$s \leqslant 3h$	$h \geqslant 1.2w$	$s \leqslant 3.5h$	$h \geqslant 1.4w$	$s \leqslant 4h$
交错布置	$h \geqslant 0.7w$	$s \leqslant 3h$	$h \geqslant 0.8w$	$s \leqslant 3.5h$	$h \geqslant 0.9w$	$s \leqslant 4h$
对称布置	$h \geqslant 0.5w$	$s \leqslant 3h$	$h \geqslant 0.6w$	$s \leqslant 3.5h$	$h \geqslant 0.7w$	$s \leqslant 4h$

表中，符号w为道路照明设计的路面有效宽度，它与道路的实际宽度、灯具的悬挑长度和灯具的布置方式等有关。当灯具采用单侧布置方式时，道路有效宽度（w）为实际路宽（w'）减去一个悬挑长度（oh），即$w=w'-oh$；当灯具采用双侧（包括交错和相对）布置方式时，道路有效宽度（w）为实际路宽（w'）减去两个悬挑长度（oh），即$w=w'-2oh$；当灯具在双幅路中间分车带上采用中心对称布置方式时，道路有效宽度（w）就是道路实际宽度（w'），即，$w=w'$（图5-4-10）。

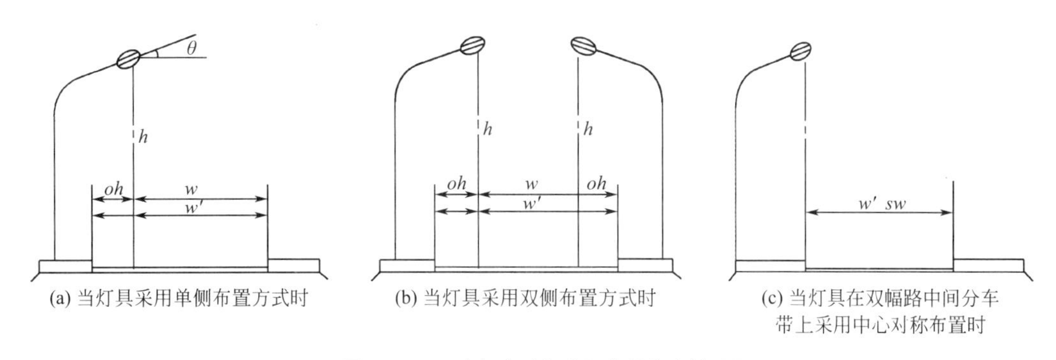

> 图5-4-10　布灯方式与路面有效宽度关系图

在一些特殊的区域，路灯的布列方式应区别对待。平面交叉路口的照明水平应高于通向路口的每一条道路的照明水平，并应有充足的环境照明；交叉路口可采用与交叉道路照明不同的光源、不同的造型、不同的安装高度或不同的布灯方式；十字形交叉路口的照明可视交叉道路的具体情况分别采用单侧布置、交错布置或对称布置等布灯方式，大型交叉路口必要时可另行安装附加灯杆、灯具；T形交叉路口应在道路尽端设灯（图5-4-11）；环形交叉路口的照明应能充分显示环岛、交通岛和缘石，采用常规照明时宜将灯具设在环岛的外侧（图5-4-12），通向每条道路的出入口的照明应适当加强，若环岛的直径很大，可在环岛上设置高杆照明，但要仔细选择灯具，确保车行道亮度高于环岛亮度。

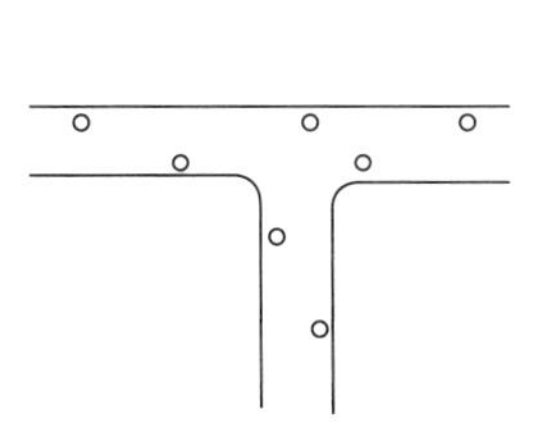

> 图5-4-11　T形路口灯具布置

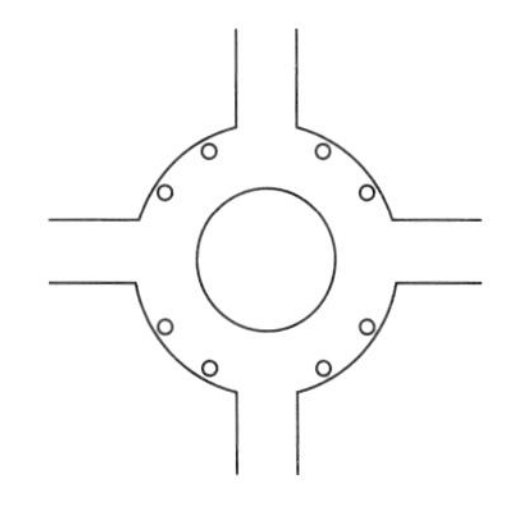

> 图5-4-12　环岛灯具布置

在曲线路段，灯具的布置与照明方式相对于直线道路和交叉道路要更为复杂一些。此类道路的灯具布置方式要考虑道路曲率半径的大小。若曲线路段的半径等于或大于1000米时，其照明方式可按照直线路段布置。如曲线路段的半径小于1000米时，灯具应沿曲线外侧布置，并应减小灯具的间距（图5-4-13）。半径越小其间距也应该越小，一般控制为直路段的0.5 ~ 0.7倍，悬挑长度也要相应缩短。在反向曲线路段，宜在固定的一侧设置灯具，发生视线障碍时可在曲线外侧增设附加灯具。为了让司机能从远处清晰地辨别道路，在曲线路段即使路面较宽也需采用双侧对称布灯方式。另外，转弯处灯具不得安装在直线路段灯具的延长线上（图5-4-14），否则会使驾驶员误以为道路是向前方延伸而导致交通事故的发生。

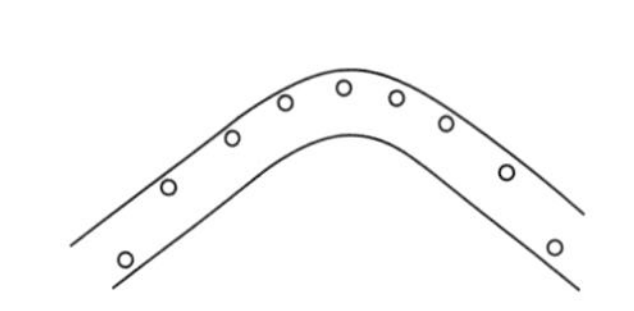

> 图5-4-13　曲线路段灯具布置

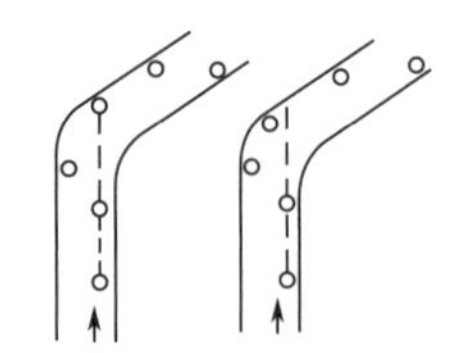

> 图5-4-14　转弯处灯具布置

为提升照明设施的诱导性[1]以及扩大灯具的亮度分布，在曲线路段可以参照以下数据来进行照明间距的布置：当曲线路段的曲率半径大于300米时，灯具的安装间距应小于35米；当曲率半径在300 ~ 250米时，安装间距应小于30米；当曲率半径在250 ~ 200米时，安装间距应小于25米；当曲率半径小于200米时，安装间距应小于20米[2]。

5.4.2　公交候车亭

凯文·林奇在《城市意象》中提出，人们对一座陌生城市的感知源于五个方面的要素。这五个要素分别是道路、边界、区域、节点以及标志物。公交候车亭作为城市元素的重要组成部分，不仅是构成城市道路、区域的节点，甚至已成为一座城市的标志和窗口，对于展现城市形象、体现城市文化和昭示城市历史起到了积极的作用。随着当代城市倡导绿色出行、低碳生活的理念逐渐深入人心，大力发展公共交通已成为各城市的共识。公共交通的大发展带来的就是公交候车亭数量的增加。当前很多城市的规划部门也已明确提出，要从城市整体形象的角度出发，系统性地设计公交候车亭，力图将其打造成展现城市文化品质和艺术形象的一面镜子。从这一点可以看出，候车亭的体积虽然很小，但它在塑造城市形象中的作用及其价值却是极为重要的。

公交候车亭作为公共交通车辆（也包括城市轻轨和无轨电车）（图5-4-15）停靠点以及乘客候车、换车的环境设施，其基本目的是为乘客创造舒适、便利的乘车或上下车环境。在

---

[1] 照明设施的诱导性指沿着道路恰当地安装灯杆、灯具，以便给行人或驾驶员提供有关道路前方走向、线型、坡度等视觉信息的特性。

[2] 王昀，王菁菁编著. 城市环境设施设计[M]. 上海：上海人民美术出版社，2006：87.

车辆停留间隔短、乘客数量少、道路面幅狭窄的普通候车点，可以仅设置指示性和标识性的公交站牌。但只要环境允许，还是应尽量建设兼具功能性和美观性的标准化候车亭。

公交候车亭的设计是一项系统性工程，它不像公共座椅设计那样只要符合人体工程学，便可以在既定的范围内随意设置，而是有着严密的规划和建设流程。它不仅涉及自身组成结构，包括站台、站牌、顶盖、隔板、座椅和照明等方面的安全性、便利性以及识别性，同时还涉及公交车辆停靠区域的环境条件、空间大小、换乘地点以及人流量与车流量等诸多关系。所以，设计优良的公交候车亭需要从以下几点展开。

（1）候车亭的设计原则

① 候车亭要具有易识性和自明性。易识性和自明性是所有公共设施的第一设计原则。所谓的易识性和自明性就是指候车亭易于辨别，能够让有乘车需求的人们在最短的时间内发现和使用该设施（图5-4-16）。要做到易识性和自明性就需要对同一城市、区域、道路、车种或路线的候车亭在其造型、色彩、材质以及位置的设计上做到统一连续。站牌的规格、色彩以及字体也应统一而醒目。

② 候车亭要与环境相适应。这是指公交候车亭既要与环境相互协调、相互融合，同时又要与周围环境具有一定的对比性和特异性。如果候车亭过于服从周围环境，就会被周围的环境或色彩所淹没，无端地增加识别的难度。如绿色的候车亭设置在绿树之下就很难识别（图5-4-17），这与候车亭要具有易识性和自明性的原则是相违背的。所以它的设计要在色彩和材质方面探索与周围环境的差异性存在（图5-4-18）。但这种差异性不可太过，要防止因形态特异而显得鹤立鸡群，造成候车亭游离于整体环境

> 图5-4-15　轻轨候车亭

> 图5-4-16　自明性强的候车亭

> 图5-4-17　绿树掩映下的候车亭

> 图5-4-18　与环境差异化存在的候车亭

> 图5-4-19　体现城市文化的候车亭

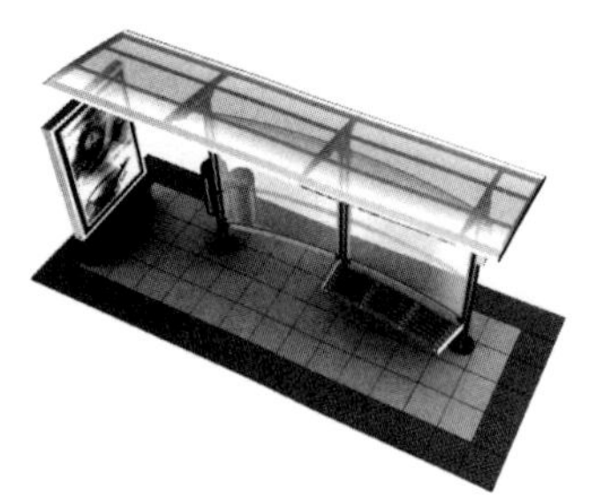
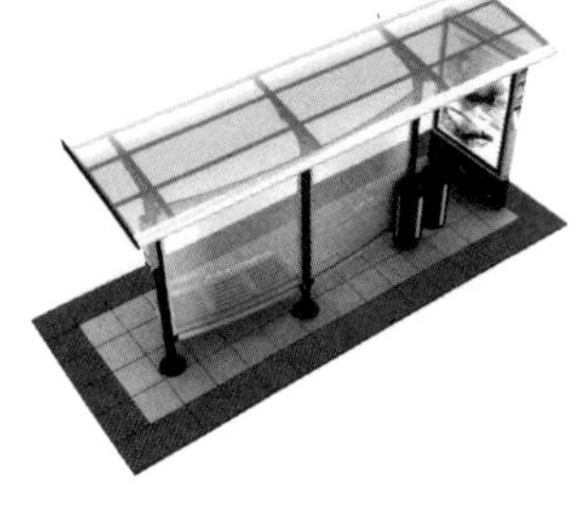

> 图5-4-20　候车亭

之外，无法与之融合的窘境。

③ 候车亭要体现城市或区域的环境内涵。每座城市因其自身所处的地理环境和所经历的历史不同，就会形成不同的地域特点与文化特色。候车亭作为城市形象的构成元素，应该能够承载或体现该座城市的个性与特色，如果脱离了具体的环境而盲目照抄照搬其他城市的候车亭造型，就会出现“淮橘成枳”的尴尬现象，给人以不伦不类之感。所以，候车亭的形态设计还是要根植于该地区的地理、历史以及文化特点，防止千城一面现象的发生（图5-4-19）。

（2）候车亭的设计要素

公交候车亭作为展示城市形象的窗口及平台，其结构形态应兼具功能性和审美性，在设计上要充分体现以人为本的设计理念。乘客使用的是公共交通的整个系统，包含站台、标识、广告、垃圾箱和道路等，所以一座功能完善、使用方便的候车亭设计应包括候车平台、顶棚、站牌、区域地图、候车座位、商业或公益广告、照明系统以及站台前公交专用道路等内容（图5-4-20），以满足人的多种需求。在实用功能方面，设计优良的公共候车亭通常要考虑以下几个方面的要素。

① 候车功能。候车是公交候车亭最基本的功能。在设计时，需要选择合理的空间位置，根据具体环境设置站台的大小、高度，保证车站可以容纳适当的人数和车辆，使得车站能够发挥最大的作用，方便人们出行。

② 信息功能。信息指示是公交候车亭的必备功能之一，合理的公交车站牌设计能够使人们更容易更快捷地找到自己需要乘坐的车辆和路线。在设计公交车站牌时，通常要考虑到站牌的高度、宽度以及站牌上字体的颜色以及大小、站牌上拥有的车次数量、车次方向、站牌的夜间照明等问题。

③ 安全功能。候车亭的安全功能体现在三个方面，其一是候车亭自身结构的安全功能。由于候车亭是由多个结构部件（包括支柱、搁板、顶盖以及信息牌等）组合而成的一个空间围合体，部件之间的位置、连接应严格遵循设计施工标准，以免因结构不合理而存在安全隐患。其二是候车亭应具有保护乘客安全的功能。一般标准的候车亭都设有顶盖和搁板，这两部分对于遮风挡雨、保护公众安全具有重要作用。比如，在多雨雪或者过于炎热的城市，候车亭的顶棚可以有效地遮阳以及遮蔽雨雪。为了防止雨雪或落叶长期堆积在顶棚上，候车亭

的顶棚应具有一定的倾角。在搁板的设计上，搁板应离开站台表面并抬升一段距离，以免落叶或其他垃圾堆积在候车亭里。在气候恶劣的地区，候车厅两侧都要设立搁板，使乘客能够得到最大程度的保护，但在后搁板与侧搁板之间应留有一定的空间，既方便人们进入或离开，也有利于汽车尾气的散发，使乘客免受有害气体的侵袭。其三是安全疏导功能。安全疏导、有序上下车是设计公交候车亭时要考虑的重要因素。合理地疏导人流，保证乘客安全，是评判一座公交候车亭设计优劣的主要标准之一。

④ 休息功能：公交候车亭的休息功能一般指候车亭本身所附带的休息设施，如座椅或靠板。合理地安排座椅、靠板的数量、尺度以及摆放位置，能使人们更加充分地利用这些资源，尤其是对于老弱病残孕等弱势群体，设计合理的候车亭休息功能彰显了一座城市的爱、文明以及人性化程度。

⑤ 照明功能：合理的灯光布置能够使人们清楚地了解路况以及车次信息，保证人们的夜间活动，同时好的灯光设计能够将城市装扮得更加美观、靓丽。

⑥ 便利功能：对于乘客而言，优秀的公交候车亭使用起来不仅安全，而且便利。候车亭的便利功能主要包括两方面的内涵。一是视线设计合理，便于观察周围车次情况。从心理学的角度看，在候车亭内候车的人都希望能清晰地观察到车辆进站的情况，以此来缓解焦虑的心情。然而很多候车亭的设计却阻碍了公众观望车辆的视线，从而迫使乘客从候车亭内探出头来或离开候车亭直接站在马路上观察车辆情况，这种现象是非常危险的。为防止类似现象的发生。在候车亭的侧板设计上，用透明的玻璃代替不透明的材质，或减少防护栅和侧面支柱等附加构件，这样一来可以有效减少候车亭结构对道路景观的视觉障碍，有利于乘客向外观望。二是指示信息显示明确，方便换乘。随着城市的扩张以及路网结构的日趋复杂，人们要到达某一目的地需要多次换乘不同路线的车辆。所以在候车时人们希望能从信息牌中获得公交车的时刻表、发车间隔、停靠站以及该路线不同站点的接驳车辆等信息。利用传统的信息牌或电子信息牌为公众提供这些信息，是判断一座候车亭是否便利的重要标准。

⑦ 复合功能：在当代社会，候车亭已不是传统意义上仅仅用来等候公交车辆的空间了，而应该是一个集候车、休息、查询、充电（为手机、电脑或电动车提供快速充电）以及信息发布的综合性城市公共设施。

（3）候车亭的尺寸与设置

一座候车亭的设计是否优良，除要遵循既定的设计原则和综合考量各类影响因素之外，还要关注候车亭自身的尺度与设置位置的合理性。

1）候车亭的尺寸

城市公共候车亭的尺寸类型多样、不一而足，这主要取决于候车亭所在场所的人流量和道路等级。一般在临近步行街、商业区、居民区以及公园、地铁等人流量大的区域需要设置整体尺寸较大的候车亭；在城区主干道或路网密集的交叉地区往往也需要设立大型的候车亭。大型候车亭尺寸大小主要参照公交车的长度参数。城市中的公交车长度多种多样，其中较为

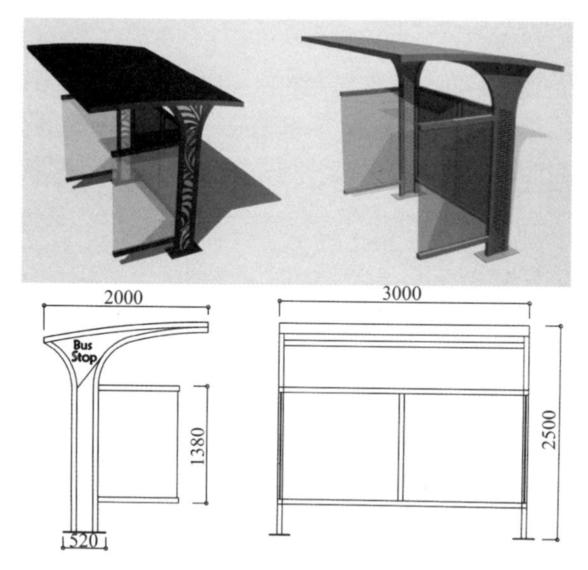

> 图5-4-21　小型候车亭尺寸

> 图5-4-22　公交站点设置

常用的标准尺寸为6 ~ 10米，候车亭的长度通常是标准车长的1.5 ~ 2倍，即大型候车亭长度约为9 ~ 20米，宽度为1.2 ~ 2米（含顶棚），高度为2.5 ~ 3.0米。在人流量较小的街道，候车厅的尺度可适当缩小，亭长可控制在2.8 ~ 5米（图5-4-21）。

2）候车亭的设置

候车亭的位置应设置在城市各主要客流集散点上。在道路段上设置候车亭时，上下行对称的站点宜在道路平面上错开设置，即叉位设站。其错开距离一般不小于50米。在主干道上，快车道宽度大于或等于22米时也可不错开。如果路旁绿化带较宽，宜采用港湾式中途站。在交叉路口附近设置候车亭时，一般设在交叉路口50米以外的地方。车辆较多的主干道宜设在100米以外处，以免影响其他车辆行驶。在车行道宽度为10米以下的道路上设置公交站点时，宜建避车道，即沿路缘处向人行道内凹进，凹进尺度应不小于2.5米，开凹长度应不小于22米，形成港湾式候车点。在车辆较多、车速较快的主干道上，凹进尺度应不小于3米（图5-4-22）。在设有隔离带且宽度大于40米的主干道建立公交站点时，可不设候车亭。但应根据城市公共交通的需要，在隔离带的开口处建候车站台，站台呈长条状，平面尺寸长度一般不小于两辆标准车辆同时停靠的长度，宽度应不小于2米。为与道路区别开，站台宜高出行车道20厘米。若隔离带宽度超过3米，可消减一段隔离带的宽度，建港湾式停靠站。减窄的一段长度应不小于两辆标准车辆的长度，宽度宜在2.5米左右。

另外，为了给乘客提供出行便利以及提升城市的人性化程度，候车亭附近宜相应地设置报刊亭、售货亭、应急电话以及休息座椅和垃圾箱等公共设施。

（4）候车亭的结构材料

候车亭作为城市的户外公共设施，长期受风霜雪雨的侵蚀。为了延长其使用周期，候车亭通常采用钢架结构（也有木质和混凝土结构的候车亭），部件之间以标准螺栓或激光焊接等方式进行连接。候车亭的材质使用也是多种多样的，有木质的、金属的、玻璃的、石材的以及混凝土的，等等（图5-4-23）。

> 图5-4-23　不同材质的候车亭

对于同一候车厅来说，使用单一材质的情况很少，大多是同时选用多种材质。比如，候车亭的顶棚大多采用覆膜钢化玻璃、耐力板、阳光板、铝塑板、镀锌板、不锈钢板、仿古砖瓦以及夹胶玻璃等。搁板和侧板通常采用钢化玻璃、耐力板或亚克力板等。

5.4.3　自行车停放架

随着汽车等以化石燃料为动力的交通工具对环境带来的负面影响的增大，以及健康意识的觉醒，人们越来越重视骑行。自行车也开始从一件最普通的交通工具一跃而成为当今最为时尚、低碳、环保和健康的交通方式。作为私家轿车和公共交通的补充方式，自行车从日渐被边缘化的现状又一次被推向人们日常生活的中心。从目前各城市兴起的共享单车热潮可以看出人们对骑自行车出行的青睐和喜爱。自行车作为一种廉价的、大众性的交通工具，不仅形式各样而且数量众多。伴随着自行车数量在城市中的不断增加，随之而来的就是停放问题。自行车乱停乱放不仅扰乱了公共秩序，同时也有碍于城市景观形象。所以，引导公众有序停放自行车成为各国城市规划和建设部门的重要任务之一。在公园、广场、商业街、办公楼、居民区以及交通枢纽等公共场所周围设置自行车停放架，对于引导并规范人们的行为以及建设有秩序的城市环境将具有积极意义。

（1）自行车停放架的类型

与存放汽车的专用停车场不同，自行车存放架占地面积小、设置地点自由、造型多样。从当前自行车存放方式来看，较为常用的有三种方式。

其一是立体式存放架。立体式存放方式指通过升降装置，将自行车一层层抬升，向空间发展。立体式存放架的优点在于能够极大地提高空间利用率。其单位面积内的存放量是密列式存放量的2 ~ 3倍。缺点是存取不方便，较为费时。这种自行车停放方式主要设置于用地较为紧张的步行街、商场或大型超市门口。

其二是格栅式存放架。格栅式存放架具有工艺简单、平面存放率高、便于移动、排列整齐等优点。缺点在于空间利用率低、占地面积大、存放路线过长。特别是大型公共活动场所中露天设置的停放架，其简单划一的造型略显单调（图5-4-24）。

> 图5-4-24　格栅式自行车停放架

其三是复合式停放架。所谓的复合式停放架就是在公共环境中不再单独设置独立的自行车停放架，而是将其与围栏、座椅等设置结合在一起，这样既方便存取，同时又可以节省大量空间（图5-4-25）。

> 图5-4-25　复合式自行车停放架

（2）自行车存放架的尺寸

自行车存放架的尺寸和大小取决于两个方面的因素，其一是自行车的尺寸大小；其二是设置场地的大小。由于自行车的型号不同，其尺寸也有所差别。受人体的活动尺度所限，自行车的尺寸通用为，长：165厘米、（把）宽：54厘米、高：82厘米、轮毂直径（含轮胎）：65厘米。依据自行车的车体尺寸范围，自行车停放架的大小应符合如下尺寸（表5-4-3）。

表5-4-3　自行车停放架尺寸　（单位：m）

车辆类别	停车方式	通车通道宽度	停车带宽度	停车车架位宽度
自行车	垂直停放	2	2	0.6
	错位停放	2	2	0.45
电动自行车（摩托车）	垂直停放	2.5	2.5	0.9
	错位停放	2	2	0.9

自行车停放架既然作为城市元素的组成部分，就必须参与到塑造城市形象、提升城市品质的任务中来，而不能仅仅作为一种功能性设施存在。所以，这就要求设置在城市公共场所中的自行车停放架在满足停放功能的同时，亦要注重它的美观性和艺术性，以艺术的理念去设计自行车停放架，使其成为集功能与艺术于一体的城市公共艺术品。

5.4.4 限制设施

限制设施也称控制类设施，指城市公共空间中用以阻拦、隔离、规范或引导行人、车辆有序行驶的交通安全设施。

（1）限制设施的类型

城市中的限制类设施种类繁多，形式各异，较为常用的主要有护栏、护柱以及隔离墩等。

1）护栏

护栏是公共空间中的一种硬性隔离设施。这种硬性隔离包含两个方面的涵义。其一是带有强制性的阻隔；其二是劝阻性的拦挡。无论是强制还是劝阻都带有不可逾越、不可违反的性质。护栏是城市中最司空见惯的交通安全类设施，依据环境的性质以及所要保护对象的不同，护栏大致可以分为以下几类。

① 矮护栏：高度为30 ~ 40厘米，最高不超过60厘米。由于其高度较低，在视觉上完全不影响人的观看视野，而且对周围环境干扰也少，它的隔离、阻拦意图不突出，更多的是对人的行为起到规限作用。这类设施主要用于与外界彼此沟通但不希望入侵的环境，如广场、绿地和花池、花境的边缘。为了增加其艺术性，这种护栏多设计成各种花式（图5-4-26）。

> 图5-4-26　矮护栏

② 分隔护栏：标准高度通常为90厘米，有围护、阻拦的作用。因其高度已超过普通人的髋关节部位，所以很难翻越。这类设施通常设置在城市道路的中央或车行道与人行道之间，作为隔离和限制人、车行为的设施。但由于90厘米的高度仍在人的重心以下，若设置在河岸，其阻拦效果相对较弱，仍具有一定的危险性（图5-4-27）。

③ 防护护栏：一种强制性隔离设施，其性质虽与分隔护栏相同，但阻拦意图比分割护栏更为突出和强硬。它的高度通常在120厘米左右，在一些较为危险的地段可以将其提高至120 ~ 140厘米。这类安全限制设施通常用于滨水、沟渠或非对外开放的场所（图5-4-28）。

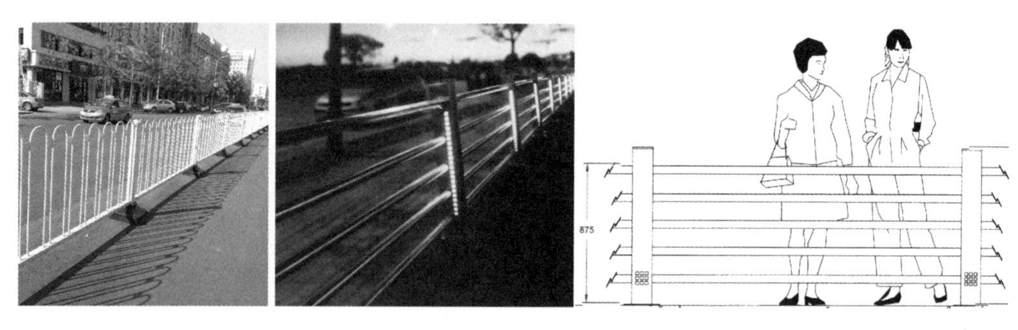

> 图5-4-27　分隔护栏

> 图5-4-28　防护护栏

除上述常见的几种隔离护栏之外，在公共交通空间还有一种用于防眩目的护栏，即设置在高速公路中央隔离带上，用于防止司机受到对面车辆前灯照射而产生眩目的设施。这种防眩装置栏通常被设计成条形板状，呈百叶窗式斜置在隔离带的金属架上。由于这种形式过于单调，很多地区的高速公路或快速公路用绿化带取代了防眩装置栏。

2）护柱

护柱就其形式、高度和阻拦强度而言不及护栏，也没有护栏的强制性高，但它对公共空间所起到的规范和引导作用却大于护栏。在公园、广场、校园、步行街和城市道路等这些公共环境中，护柱可以很好地起到阻止车辆侵入或规限行人的作用，不过这种作用更多的是一种警示、警戒或警告。护柱的高度一般在40～100厘米之间。其形式主要有以下几种。

① 固定式，指护柱的底部埋入地下（30～50厘米之间），位置固定不能随意移动。这类护柱虽然缺乏灵活性，但坚固性好（图5-4-29）。

> 图5-4-29　固定式护栏

② 插入式，指护柱是由基座和柱体两部分组成，需要时将柱体插入基座即可。这种护柱形式灵活，适用范围广（图5-4-30）。

③ 移动式，指护柱单体不需要与所设置场地的地面有任何联系，需要时摆放，不需要时撤走，使用起来比插入式更灵活（图5-4-31）。

> 图5-4-30　插入式护栏

> 图5-4-31　移动式护栏

为增强护柱的连续性、阻拦性或引导性功能，护柱之间可以用铁链或绳索相连。无论是何种形式，护栏首先要能够经受冲击。其高宽比应给人以粗壮、牢固之感，造型要有特色，设置间距[1]和布阵形态需反映场所空间的特点以及阻拦或引导要求。体量较小的护柱在单独设置时要注意与地面区分，尤其是在夜晚，因其形态难辨，容易给行人、车辆造成磕绊的意外。为防止这类事件的发生，可以将护柱与照明灯具结合在一起，使护柱兼具阻拦与道路照明或行为引导的多重功能（图5-4-32）。

> 图5-4-32　与照明结合的护栏

护柱的设计要灵活多变，不可拘泥于定义、概念或某种定势思维。它可以依据场所环境的不同将其结合到座椅，或直接用座椅代替护柱。如沿街道的广场、绿地边缘就可以用座椅

---

[1] 作为路障之用的护柱，最大设置间距不得超过150厘米。

> 图5-4-33　隔离墩

来划分边界、阻拦或引导行人车辆有序行驶。当然，一些装饰和休憩类设施也可以充当护柱的角色，如排列整齐的种植容器、低位置路灯以及列置的旗杆等。

3）隔离墩

隔离墩属于护柱的旁系，也称为路障。作为一种交通安全设施，由于其高度较矮，与护栏、护柱相比，它的隔离和阻拦功能是最弱的。所以，隔离墩的设置更多的是一种形式上的拦阻与规劝，意在告知公众此处禁止通行。设置在公园、广场边缘以及步行街中的隔离墩通常与休息设施结合在一起，当游人疲劳时可以坐在隔离墩上休息片刻。因此，这类设施的顶部不宜设计成尖形，以圆形或平面为佳，高度控制在45 ~ 68厘米之间为宜（图5-4-33）。

（2）限制设施的材质与色彩

由于限制类设施是放置于户外公共空间用于阻拦、规限人车行为的一种设施，不仅要经受霜雪雨露等自然现象的侵蚀，同时还有可能遭到人为的破坏，如受机动车、非机动车乃至行人的撞击等。所以，在材质上必须要考虑它的耐候性和坚固性，而金属（铸铁、合金等）、石材、混凝土、防腐木以及高分子材料也就成为限制类设施最常用的材料。

在色彩设计方面，限制类设施宜以中性色为主，并结合场所特征，选用较低明度和饱和度的色彩。要尽可能防止两种极端倾向的发生，即限制类设施的色彩太过醒目，或太过沉闷。过于醒目不仅难于同周围环境融合，也会因过度吸引公众注意力而造成交通事故。过于沉闷则又不易引起行人车辆的注意，起不到阻拦、隔离或引导作用。

5.5　商业服务类设施

商业服务类设施是设置在城市公共环境中为人们提供多种便利和专门服务的设施，如报刊亭、快餐亭、售票亭、百货亭以及各类存取设备等。商业服务类设施作为大型实体服务机构的微缩形式，因占地面积小、地点自由、便于移动、设置灵活、服务多样等特点方便了人们的生活。依据当代人在公共空间中的行为需求，商业服务类设施主要有以下几种。

5.5.1　售卖设施

售卖设施主要指出售人们日常用品的售货亭或服务亭，主要经营范围包括书报、食品、饮料以及其他日用品。售卖设施作为超市、商场或饭店的微缩铺面，因服务周全、快捷方便而著称。这类设施主要分为两种形式。一类是传统的、有服务人员提供服务的售卖设施，其形式主要是封闭或半封闭的建筑空间存在，面积最大不超过10平方米。由于空间狭小，通常只能容纳售货员个人或几个顾客（图5-5-1）。

> 图5-5-1　售货亭

另一类是没有服务人员提供服务的自动售卖机。自动售卖机是20世纪中叶在欧美国家出现的，最初主要是用于快餐店的自动外卖窗口，出售冷饮等食品。后来随着自动化技术的发展，这类设施逐渐发展成为功能完善、商品齐全的小型售货亭，并受到公众的青睐（图5-5-2）。售卖设施通常设立在交通枢纽、地铁站、学校、公园以及办公楼附近等人流量较大的城市公共空间中。在设计方面。售卖设施作为一种临时性设施，材质主要以金属、木材和玻璃等易于加工、移动和拆卸组合材料为主。很多售卖设施因空间形态新颖多变、色彩鲜艳，已成为一道亮丽的都市景观（图5-5-3）。

> 图5-5-2　自动售卖机

> 图5-5-3　形式多变的售卖亭

5.5.2　自动存取款机

自动存取款机实质上就是一座移动式银行。它为人们日常的消费和理财提供了极大的便利。自动存取款机通常是以封闭的箱体形式与建筑相结合，或成排地独立设置在商业街、商场、机场、车站以及医院等消费场所。由于此类设施内部储存有大量现金，往往成为犯罪分子觊觎的对象。所以自动存取款机的设计要注意以下几点：其一是坚固耐用、安全性、防护性高；其二是色彩鲜明，能够吸引公众的注意；其三是作为一种公共产品，其尺寸要符合大多数人的生理尺度。一般而言自动存取款机的操作台高度在85 ~ 120厘米之间为宜。在放置时，自动存取款机应至少两台或多台列置在一起，以防止因数量少而导致公众长时间排队的现象。另外，最佳的配置是高尺寸（120厘米）和低尺寸（85厘米）的两台机器并置，这样能够满足更多人的操作行为（图5-5-4）。

> 图5-5-4 自动存取款机

5.5.3 快递投递箱

快递投递箱是互联网时代的产物。随着电商经济的普及以及快递业务的发展，在网上购物的人越来越多，购物的次数也越来越频繁。为了将这些物品及时、快捷地送达消费者手中，快递人员需要不停地往返、穿梭于提货点与各社区、单位之间。但总是遇到消费者不在购物时所标注的地址的窘境，这就需要快递员多次、反复送货。这一现象不仅延误了及时送达消费者手中的时间，同时也增大了快递人员的工作量，并因此影响到对其他物品的配送。为解决“快递最后一公里的问题”，智能快递投递箱被引入人们的生活之中，它们分布在社区、工厂、写字楼以及高校等场所，给消费者提供着自由便捷的快递服务。

智能快递投递箱是一个基于物联网的，能够将物品进行识别、暂存、监控和管理的设备，与PC服务器一起构成智能快递投递箱系统。PC服务器能够对本系统的各个快递投递箱进行统一化管理（如快递投递箱的信息、快件的信息、用户的信息等），并对各种信息进行整合分析处理。快递员将快件送达指定地点后，只需将其存入快递投递箱，系统便自动为用户发送一条短信，包括取件地址和验证码，用户在方便的时间到达该终端前输入验证码即可取出快件。

> 图5-5-5 智能快递投递箱

智能快递投递箱主要由主柜和副柜两大部分组成，其中主柜部分包括22英寸（1英寸 = 2.54厘米）广告机、19英寸触摸显示屏、金属键盘、扫描端口以及摄像头等。尺寸大致为，高219厘米，宽60厘米，进深51.4厘米。副柜主要由用以储物的箱体组成。单组尺寸大约为，高219厘米，宽53厘米，进深51.4厘米。依据所处空间的大小以及快件数量的多少，副柜可以2组、4组、6组或8组并置（图5-5-5）。

在设计要求方面，智能快递投递箱与自动售货机、自动存取款机是一样的，都要注意其自身的坚固性、安全性、防护性以及醒目性。

商业服务类设施因其体积小、分布广、数量多、机动性强、服务内容多样，加之造型别致、色彩鲜明等特点，已成为城市景观中引人注目的活跃元素。

由于服务类设施的特殊性，在设计方面要从以下几各方面进行考量。

① 紧凑实用，便于拆装搬运，在结构上尽可能采用标准化构件，以利于多样化组装。

② 服务类设施集中布置时造型要统一，分散布置时造型要新颖多样，不仅要反映服务内容，也要能够装饰和美化城市环境。

③ 在环境关系比较复杂的公共场合，服务类设施的设置应考虑与街道、行人和车辆的关系，既要让公众便于发现和利用这一设施，又不至于影响道路的通行或城市景观。

④ 服务类设施的前面应预留足够的空地，满足人们停留或排队之用。与餐饮相关的售货亭附近需相应地设置座椅、垃圾箱、烟灰皿或饮水机等休闲和卫生设施，以为行人创造更为舒适、便利和清洁的环境[1]。

5.6 道路设计类设施

人们的户外活动很大一部分是围绕道路展开的。道路与人们的日常生活行为关系密切，它所构成的交通环境是公共设施的重要载体。优良的道路设施不仅为公众提供便利、安全、高效的出行环境，同时对维护城市生态、美化都市环境起积极的作用。在某种程度上，道路设计类设施的形式、工艺、完善程度乃至管理水平等是反映城市文化和城市精神的一面镜子。

5.6.1 地面铺装

地面铺装指公共环境中以硬质或软质材料铺设于地面之上，使其洁净、卫生、美观的一种道路设计形式。地面铺装按其所在地可以分为广场地面铺装、商业街地面铺装、居住区地面铺装、公园和绿地广场地面铺装、人行道地面铺装以及骑行道地面铺装等类型。

（1）广场地面铺装

广场是城市的精华（图5-6-1）。如果将整个城市比作一套住宅，那么街道就是室内的通道，建筑物相当于室内的各个房间，客厅当然就非广场莫属。在室内设计中，地面往往是设计的重点，客厅的地面自然是重中之重了。由于广场是一个城市中人流最为集中的公共场所以及对外展示形象的窗口，所以各城市对广场的建设都非常重视。

广场是一个模糊的、广义的概念，依据不同的功能和形式，又可细分为纪念广场、交通广场、商业广场、文化娱乐广场、儿童游乐广场及建筑广场等。无论何种类型，在广场的地面铺装上首先要以功能性为前提，选择适当的铺装形式和要素；其次是考虑广场所处的地理

---

❶ 于正伦著.城市环境创造[M].天津：天津大学出版社，2003：298.

> 图5-6-1　城市广场

位置和场所特征，选择适宜的材质；再次是借助艺术的手法来强化广场的性格魅力及其场所精神。在注重广场本身地面铺装的同时，还要关注广场边缘的铺装处理。广场与其他地界，如人行道的交界处，应有明显的区分，这样可使广场空间更为完善，人们亦会对广场图案及其铺装形式产生认同感。反之，若广场边缘不清晰，尤其是广场与道路相邻时，将会让人产生混乱感与模糊感，若与交通主干道相邻还会带来安全隐患，因此需加强广场空间的地面与其他空间地面的差异性处理来界定其边界划分，一般可以借助改边界区域的铺装色彩、材质、构成或改变标高，设置隔离桩、缘石、绿化带等方式强化区域边界，增加场所感[1]（图5-6-2）。

> 图5-6-2　广场边界铺装

（2）商业街地面铺装

商业街是现代城市的重要组成部分。它不仅是公众购物、休闲以及旅游的场所，同时也是展示城市商业文明、体现城市经济文化的一个窗口。商业街依据其空间类型和交通方式又可以划分为开敞式商业街、封闭式商业街、完全步行商业街、半步行商业街以及公交步行混

---

[1] 陈丙秋，张肖宁编著. 铺装景观设计方法及应用[M]. 北京：中国建筑工业出版社，2006：154.

合商业街等。虽然商业街的类型迥异，但在地面铺装设计方面追求安全、舒适、亲切以及具有方向感、方位感、文化感、历史感和特色感的总体要求是一致的。商业街的地面铺装设计要注意以下几点。

其一，由于商业街的人流量大，公众在行进的过程中将主要精力放在了商品或橱窗上，而很少注意路面的情况。所以，商业街的路面铺装尽量减少或避免高差变化，以防给公众带来意外伤害。如果因路面结构造成必须存在高差时，应做明显的标志，如通过铺装色彩以及材质的变化进行提醒或警示。

其二，当前城市中的商业街主要以开敞式的户外步行街为主，如天津的滨江道、上海的南京路等（图5-6-3）。由于是在户外的空间，商业街地面铺装材质的选择应考虑夏季、冬季等多雨雪季节的防滑问题。一般而言，此类路面通常采用表面质感粗糙、透水性好、耐污染、耐腐蚀以及易于施工和维护的天然切块石材。

其三，在商业步行街中，铺装尺度要亲切、宜人，使人感受到轻松、温馨，甚至可以与空间环境对话。

其四，商业街地面铺装的色彩要与周围环境保持协调，以强化空间的整体感，从而创造出轻松舒适的氛围。一般而言，明亮淡雅的暖色调铺装既可以带给购物者一种温暖祥和的心理感受，同时又可以使购物空间显得更大、更宽敞。尤其是封闭式商业街通常适宜采用这种色调的铺装（图5-6-4）。在采用单色铺装时，为避免单调感，可在大面积的单色基础上加入一些其他连续性的颜色或是有韵律感的图案。比如，重复的方格形图案可以增强空间的整体感与稳定感，斜线、折线或曲线形图案能够强化空间的运动感，而带有彩绘图案或镶嵌图形的地砖则能够愉悦人的身心（图5-6-5）。

> 图5-6-3　滨江道地面铺装

> 图5-6-4　铺装色彩

> 图5-6-5　铺装图案

（3）居住区地面铺装

随着经济的发展以及生活的富足，人们对居住环境的要求也越来越高，已从最基本的生理需求、安全需求逐步向社交需求、休闲需求以及审美需求转变。基于这一变化，现代住宅小区也开始强调居住区景观环境的共享性、文化性以及艺术性等特征。统计资料表明，人的一生中大约有一半的时间都花费在居住区中，良好的居住环境可以直接影响到人们的生理、心理以及精神生活，它不仅能有效地约束或规范人的行为，陶冶人的情操，同时也有利于提升人的素养。

居住区是人们日常生活的聚集地，其道路的铺装要以“人”为主体，创造一个舒适、安全、美观的通行环境。居住区路面铺装应与社区的整体环境和风格特色相协调，借助所选用材质的质感、肌理、色彩以及图案等元素创造出富有魅力的路面和场地景观。其材料应以切块类砖石材料为主，色彩应生动活泼，富于变化。一个居住区可以采用统一色彩的材质进行设计，但同时要注意与整体建筑格调的协调。这样可以建立一种良好的空间秩序，使人们在步行的过程中通过地面铺装色彩的变化即可感知空间的转换。在铺装图案的设计上，应充分利用点、线、面等基本造型元素，通过其组合方式突出铺装的方向感、方位感和场地的边界感（图5-6-6）。此外，铺装图案还应注重其趣味性和观赏性。小而宜人的铺装尺度和形色优美的铺装图案不仅能够提升人们漫步、聊天、交往以及嬉戏行为的质量，同时也可以为人们的户外生活增添了美的视觉享受（图5-6-7）。

> 图5-6-6　居住区路面铺装

> 图5-6-7　居住区路面铺装图案

（4）公园、绿地广场地面铺装

公园和绿地广场是城市居民追求自然、接近自然和享受自然的最佳去处，因其绿化率高而被称为城市的“绿肺”。公园和绿地广场的存在对改善城市生态、保护生态平衡以及缓解环境污染都具有积极意义。当人们在公园和景观绿地广场休憩时，视线所及除蓝天、白云、绿树之外，接触最多的应该就是脚下的道路。因此，对公园和绿地广场的地面铺装进行精心设计，打造形式丰富、肌理美观的地面效果是非常必要的（图5-6-8）。

公园与绿地广场等休憩场所的地面铺装与其他公共环境有所不同：一方面应遵循生态的原则进行设计，采用软质与硬质铺装相结合，力求与自然的高度融合，以保持景观生态系统的良性循环和可持续发展；另一方面，由于这类区域的人群密集、人流量大，且受风雨寒暑等气候影响严重，所以在铺装材质的选择上应选用坚固、平稳、耐磨、耐腐蚀、表面粗糙、少尘土、便于清扫的石料板材、块石、拳石、卵石、碎拼石材、木砌块等天然材料以及混凝土和沥青等混合材质（图5-6-9）。

> 图5-6-8　公园路面铺装

> 图5-6-10　拼花地面铺装

> 图5-6-9　公园地面铺装材质

在铺装方式上，为增加园路的观赏性和情趣性，可以运用多种多样的铺设手法，如采用不同质感、肌理和色彩的材质并用的方法，将地面设计成拼花的形式（图5-6-10）；使用天然沙砾的脱色沥青混合料，将其表面研磨，做成半柔性路面；采用表面腐蚀工艺的水泥混凝土，或是通过特殊工具将路面做成水刷式表面；也可以运用彩色混凝土和塑胶等材料创造一种纹理丰富、色彩鲜艳的步行道，使人在行进的过程中感受到路面带来的温馨、亲切、自然和愉悦（图5-6-11）。

> 图5-6-11　彩色地面铺装

（5）人行道地面铺装

人行道是城市道路中仅次于车行道的重要组成部分，是专门用于集散人流、供步行者通行并限制机动车交通混入的街道。人行道作为城市重要的交通流线和观赏路线，它的铺装设计要着重体现审美、便利和安全等方面的功能。

在人行道铺装设计中要明确人是街道景观的主要观赏者，所以步行者视觉上的适应性是铺装设计的重要内容。赏心悦目的地面铺装可以使行人变的活泼开朗、轻松愉快。为实现这一目标，人行道地面铺装尤其是较窄的人行道尺度宜采用人体尺度或小尺度，以便给行人带来亲和感和舒适感（图5-6-12）。对于较宽的人行道，可借助图案的间隔、线条的划分降低尺度感，吸引更多人驻足（图5-6-13）。在色彩设计方面，人行道的地面铺装应丰富多彩，

> 图5-6-12　较窄的人行道铺

> 图5-6-13　较宽的人行道铺

但同时需注意与周围环境的协调，既不可太沉闷，亦不可太突兀。构形宜采用重复形式，给步行赋予一种节奏感。还可以通过加强铺装图案的细部设计，使铺装更具观赏性与可读性，增加景观的文化内涵，以满足人们在行进过程中对城市、街道、建筑以及景观的品评、想象和回味。

> 图5-6-14　人行道地面划分

营造便利、安全的人性化步行空间是人行道地面铺装的最终目标。为了充分体现对行人的尊重，使步行空间更具吸引力，在铺装设计时就要注意满足不同人群的多样化需求。比如，一条人行道可以采用两种不同的材质或色彩的铺装形式，进行功能划分，外侧步道为快速通过的人行道，内侧步行道为休闲散步道；外侧采用大尺度构图，让人产生快速前行的感觉，内侧采用小尺度构图，人们可以悠闲地观赏街景、散步或聊天；或通过绿化带划分出行走空间和休憩空间等（图5-6-14）。这样既满足了必要性步行活动，又满足了休闲式步行等多样性需求，真正体现了以人为本的设计原则。

为了增加人行道的安全性，人行道与车行道之间应有明确的边界区分。依据人行道的宽窄，区分的方法主要有两种：一是采用断差的方式进行空间界定。所谓断差的方式就是利用高差来区分空间的方式，比如将人行道路面抬高20厘米左右以区别车行道。这种边界界定方法主要适用于较宽的人行道。二是若人行道较窄，为了增强空间的开敞性，可以通过改变人行道与车行道色彩或材质的方法，配合限定高度的隔离墩、界桩、护栏或绿化来进行边界线划分[1]。在材质使用方面，人行道地面铺装应以采用防滑、耐磨、耐腐蚀、透水性良好并具有一定强度的石材或砖材为主。

（6）骑行道地面铺装

随着绿色出行方式的流行，以骑行为主的慢行交通方式再次成为当代人的选择。骑行是除步行之外被人们视作最为健康和绿色的交通出行方式。这种出行方式不仅可以有效缓解都市中因大量使用汽车而带来的交通拥堵、大气污染以及噪声污染等环境问题，同时也有助于提升人们的健康指数和生活品质。

欧洲是世界上最早提出并建设骑行道概念的地区。如荷兰在1890年就建成了世界第一条自行车专用道。紧随其后，德国、英国、丹麦、瑞典及美国等也相继从政府层面出台政策，积极倡导并鼓励城市发展骑行交通和自行车道路的建设，并制定了严格的建设标准及道路规范。目前这些国家拥有世界上形式最多、速度最快、标准最高的自行车骑行道路（图5-6-15）。我国近年来也注意到了在城市中发展骑行交通方式的优点。为进一步促进城市交通领域

---

[1] 陈丙秋，张肖宁编著. 铺装景观设计方法及应用[M]. 北京：中国建筑工业出版社，2006：173.

节能减排，加快城市交通发展模式转变，预防和缓解城市交通拥堵，促进城市交通资源合理配置以及推广绿色出行，也开始通过颁布一系列的政策法规，从国家层面大力倡导发展骑行交通方式。

> 图5-6-15　欧洲国家的城市骑行道

随着共享单车的日渐兴起，自行车通勤已成为大多数城市短距离出行以及人们日常健身的重要方式。自行车交通出行的兴盛进一步推动了骑行道路的规划和建设。当前，城市中骑行道建设主要有以下两种方式。

其一，利用城市已有路网结构，将主干路、次干路、快速路以及公园、景区内的原有道路，通过划设交通标志、标线，将与机动车道隔离的平行或相邻区域作为自行车道路。这类自行车骑行道的路面铺装无需特殊设计。但由于是机非混行，可能存在交通冲突或是安全隐患。因此，这类骑行道的设计要在路面上绘制清晰、明确的交通标识和标线，作为自行车与机动车之间的缓冲带，以便形成机非隔离或为骑行者和驾驶者提供更多导航信息。同时，在事故多发地段和转弯处还要在机动车与自行车之间的缓冲带内配合设置机非护栏、阻拦索、隔离墩等设施，防止机动车穿越行自行车道或进入人行道，以便保障行人安全。为消除机动车与自行车混行存在的隐患，也可以直接将骑行道布置在抬高的人行道上，通过设置不同的铺装材质和划设标志线加以区别即可（图5-6-16）。

其二，单独设立专用骑行道。独立建设的自行车专用道并不与机动车道直接毗邻，而是依托沿滨河绿地、干道两侧绿带、环城生态区绿地或山间道路，打造专供人们骑行的自行车专用道路系统，以提供独立安全、连续宜人的自行车专用骑行空间。如目前一些风景区内设

> 图5-6-16 利用已有道路改建的骑行道

置的自行车林荫大道就属于这种类型（图5-6-17）。专用自行车骑行道路的地面铺装需要专门设计。在铺装材料的选择上要选用坚固、耐磨、防滑和渗水性好的石材、砖材或沥青。在铺装材料的色彩运用上尽量避免大量的、长距离的使用单一灰色，而是尽可能地使用有色或多色材质。这样可以提升远距离骑行者的骑行情趣，有效缓解视觉和身体疲劳。但不宜采用过于复杂地色彩和图案，以免分散骑行者的注意力，造成交通意外。另外，在专用骑行道两侧每隔一定距离（3 ~ 5公里）要建设一处驻车港湾。在港湾区要配备应急电话、休息座椅、遮阳（雨）篷、自动售货机、移动卫生间、垃圾箱以及手机充电桩等相关设施，以满足骑行者休息、观景、车辆维护或紧急救助等需求。

> 图5-6-17 自行车林荫大道

5.6.2 花池与花境

花池，顾名思义是以容纳花卉为主的空间，在现代公共环境中花池是不可缺少的景观元素。它对于维护花木、点缀环境以及突出城市景观意象作用巨大。与花坛、花钵、花盆等容

> 图5-6-18　花池图案

器相比，花池的占地面积更大，常用于公园、广场、庭院以及道路等人群集中的较大型开放空间中。花池一般近地面栽植花卉而与地坪略有高差。依据与地面的水平距离，花池可分为两种形式：突出于地面的高台式花池和低于地面的下沉式花池。花池种植的花草以平面图案和肌理形式表现为主，按照图案类型花池可以分为毛毡式、框花式、丝带式等形式。另外，依据花池所种植的植物种类，又可分为草坪花池、花卉花池以及综合花池等（图5-6-18）。

花池在公共空间中的布置灵活多变，既可以布置在广场、道路的中央，也可以布置在这些空间的边缘。为了便于排水，花池的种植床应略高于地面，土壤厚度根据植物类型应有所区分。栽植一年生花卉及草坪的土壤厚度大约为0.2米；栽植多年生花卉或灌木时土壤的厚度宜在0.4米左右。下沉式花池的植床下应设有排水设施。

建造花池的施工工艺和材料也是多种多样的，既可以是石材、砖材、混凝土，也可以是木材和塑料预制块。为丰富视觉形态和提高花池的观赏性，可以在花池立面镶嵌干粘石、鹅卵石、瓷砖以及马赛克等。

> 图5-6-19　花境

花境指沿着公园、广场或道路边缘种植花卉的绿化形式，有花径之意。它与花池的不同在于其平面形状比较灵活、自由，可直线布局，如带状花境，也可作自由曲线布局。所栽植物一般为多年生花卉、乔木、灌木等，应时令要求也常辅之以一、二年生花卉（图5-6-19）。

5.6.3　树池与树池篦

在城市公共空间中，树池一方面为树木生长提供了所需的基本空间，另一方面也有效地保护了树木根部免受践踏，同时又便于雨水渗透，保证行人安全。正因为树池空间有限和对树木、行人的保护作用巨大，才对这类公共设施的设计提出了较高的技术和艺术要求。树池的形式多种多样，有圆形的、椭圆形的、弧形的、方形的以及带状的（图5-6-20）。

> 图5-6-20　树池的形状

树池的使用不仅仅局限于道路、广场、绿地等平坦地带，也可因地制宜地与水池、墙体相结合形成临水树池、水中树池、跌水树池、台阶树池以及墙垣树池等（图5-6-21）。

> 图5-6-21　水中树池

在公共环境中，常见的树池类型通常是按照树池与周围路面的高差大小来分类，可分为平树池和高树池。

平树池指树池池壁外缘的高度与路面铺装的高度相平。池壁可用普通机砖，也可用预制混凝土，其宽和厚通常为6厘米 ×12厘米或8厘米 ×22厘米（图5-6-22），长度依据树池大小而定。树池周围的地面铺装可向树池方向做排水坡。树池内部可以设置格栅即树篦，地面的积水可以通过树篦流入树池。为防止行人误入树池，可将树池周围的地面做成与其他地面不同的色彩或材质，也可以在树池内铺设透水的卵石、树皮等，这样既可以起到提醒、警示的作用，同时又是一种装饰（图5-6-23）。

> 图5-6-22　平树池的池壁

高树池指把种植池的池壁高度做成高出地面的树池，高树池的高度一般为15厘米左右，可以防止池内的土壤流失，避免人们误入其中踩踏土壤而影响树木的生长（图5-6-24）。高树池的形式多种多样，在公园、广场等人流密集的地方，高树池通常与座椅相结合，既可以保护树木，又可在夏季为人们提供荫凉（图5-6-25）。

> 图5-6-23　树池的铺设

> 图5-6-24　高树池

> 图5-6-25　高树池与座椅结合

树池篦又称护树板、树池盖板或树围子，是设置于公园、广场、人行道等步行空间中树池内的栅栏（图5-6-26）。公共空间中绿化树木设置树篦的目的主要有四个：其一是加强场所地面的平整性；其二是防止土壤裸露和流失，保证树池在各种条件下的清洁；其三是避免树根部堆积污物，有利于环境卫生；其四是防止踩踏，保持树木根部土壤疏松，以利于树木的生长。

> 图5-6-26　树池篦

树池篦的材质通常为金属、石材以及混凝土等材料。根据拼装方法有双拼（180°）、四拼（90°）、多拼和铺垫（如砾石、草坪以及橡胶粒）等（图5-6-27）。树池篦的外缘尺寸

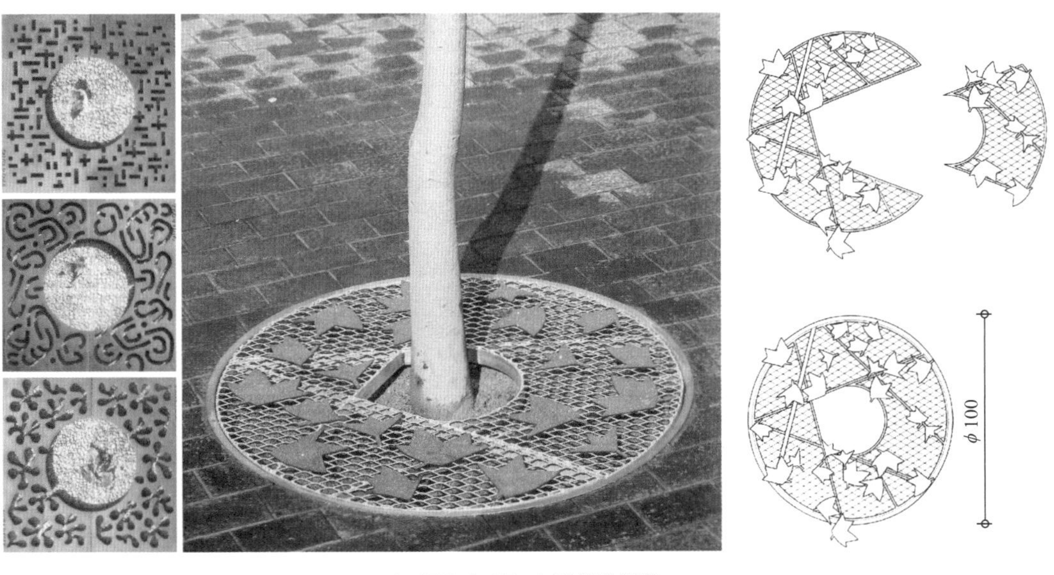

> 图5-6-27　树池篦的拼装

和内部孔洞的大小要依据树池、树高和树干直径的大小来定。一般而言，树篦内部孔洞的直径应大于树干直径的2 ~ 3倍及以上，以便为树木留下足够的生长空间。树池篦与树木以及树池的尺寸关系具体如表5-6-1所示。

表5-6-1　树池篦与树木以及树池的尺寸关系　（单位：m）

树高	树池尺寸		树池篦尺寸（直径）
	直径	深度	
3	0.6	0.5	0.75
4 ~ 5	0.8	0.6	1.2
6	1.2	0.9	1.5
7	1.5	1.0	1.8
8 ~ 10	1.8	1.2	2.0

在满足树篦盖面坚实和安装牢固的基础上，要保证篦面透水孔通畅，以便使雨水能够渗入树池内部，同时也便于清扫。在可能的情况下，树池篦的造型和材质应与环境的地面铺装保持协调一致，或与树干护栏结合起来进行整体设计（图5-6-28）。

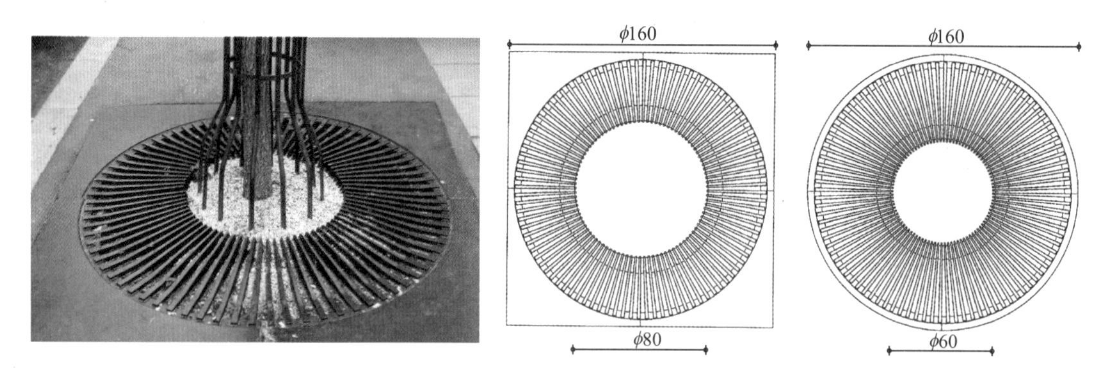

> 图5-6-28　树池篦尺寸

5.6.4　窨井盖

窨井盖作为城市设施的组成元素之一，在城市户外空间中随处可见。由于窨井盖司空见惯，且又是踏在脚下。所以，向来少受建设者和公众的关注。但随着人们对环境品质要求的提升以及对城市美学的重视。形式新颖、独具特色的窨井盖总能给城市公共空间带来耳目一新的感受，尤其是在公园、广场、步行街以及风情区，设计优良、图案雅致的井盖往往会对环境起到画龙点睛的作用。因此，窨井盖设计日渐受到城市建设者的关注和重视。如在日本，人们并没有把窨井盖仅仅作为一个工业产品或市政设施来看待，而是将其视为一件艺术品进行精心打造，将历史文脉或使用功能巧妙地与图案、纹饰相结合而创造了一种日本独特的窨井盖艺术（图5-6-29）。

窨井盖形式多样，依据其造型可以分为圆形、方形、三角形、菱形以及多边形；依据其构造可以分为透水透光的格栅板（主要用于排水渠、雨水口、地下采光井以及通风口）和封堵密实的盖板（多用于消防、燃气、供暖、给排水以及通信光缆等）（图5-6-30）；依据所使用的材料，窨井盖又可分为金属材质、混凝土材质以及天然石材等。在众多不同形式、材质的窨井盖中圆形或方形外框圆形井盖的金属窨井盖是城市公共环境中最为常见的一种井盖形式。这类窨井盖的优点在于方便与地面铺装衔接。对于采用方形铺装的地面环境来说，方形井盖外框呈直线，可以很好地与地面铺装相互对接，避免了对铺装材料的曲线切割，使接缝严密、工艺精细。此外，方形外框的四角与地面紧密嵌扣，可以为窨井盖提供强有力的支撑，有效防止地井因碾压受力不均而造成的井盖塌陷或变形。对于该类型的井盖而言，在施工时应尽可能使方形边框的纹饰线与铺装材质的缝隙线方向一致或成直角，这样才符合人的视觉习惯，看起来美观、舒适。切忌随意设置角度，一旦这样，既不利于井盖纹饰线与地面铺装的衔接，又破坏了人的视觉规律，看起来别扭。

> 图5-6-29　日本的窨井盖

> 图5-6-30　窨井盖的类型

窨井盖作为一种兼具实用性和艺术性于一体的城市公共设施，在设计上要遵循以下原则。

① 注意窨井盖与路面铺装的过渡衔接，力求做到顺畅、自然与协调。

② 窨井盖的设计要注重细节的推敲，满足五防：防动、防裂、防响、防盗以及防塌陷。

③ 窨井盖的图案或纹饰设计尽可能反映所置区域的历史、文化、场所特征以及使用功能。

④ 窨井盖的色彩和材质要与路面铺装有所区别，以便于识别。

5.7 公共艺术类设施

公共艺术作为一种艺术观念或文化现象是当代大众美学以及日常生活美学的延伸和社会民主化进程发展的必然结果。它突破了传统艺术的藩篱，将艺术的概念扩大化，正如策展人刘茵茵所说，公共艺术即“那些在传统的画廊或美术馆系以外发生的当代艺术类型”。公共艺术的范畴已然超越了传统的以满足人的审美体验或精神需求为主的雕塑、壁画等视觉艺术形式而扩展到了建筑、景观、公共设施和装置艺术等具有艺术性的视觉形态或艺术行为领域。

公共艺术概念的广泛性和兼容性特征决定了其价值属性的多元化与多义性。公共艺术融入都市并不仅仅只是充当城市的“化妆品”。置于特定场所之中的公共艺术品在“妆点”和“美化”环境的同时，更重要的是能化景物为情思，即升华为城市的“符号”或“标识”，成为传承地域文脉、体现场所精神、追述城市记忆、形成地域认同、凝练城市特色的文化共同体，发挥促进社会、经济发展之功能。

5.7.1 雕塑

21世纪是城市的世纪。在全球城市化普遍推进的时代背景下，经济已不再是衡量一个城市发达与否的唯一标准，区域间的竞争越来越倾向于以城市为核心的综合实力的竞争。尤其是在“同质化”城市时代，城市文化以及形象的优劣将成为决定未来城市在竞争中胜负的至关重要的因素。现代城市学研究表明，现代城市形成核心竞争力的要素包括三个方面，即活力、魅力和实力。在影响城市竞争力的诸多因素中，魅力虽然只是其中的一个组成要素，但它在增强城市的文化内涵，改善城市形象，提升城市的竞争力、知名度上却是不容忽视的，在某种程度甚至起决定作用。以雕塑来提升城市魅力，将雕塑艺术凝练成一种城市的文化符号是近现代以来城市建设的一种趋势。

目前，国内外的许多城市对雕塑艺术在城市建设中的作用及意义都予以了高度的重视。西方国家从“城市美丽运动”开始，就对城市形象的塑造有所追求。现在，几乎每一座欧美主要城市都有承载历史文化的标志性城市雕塑。如哥本哈根的“小美人鱼”、维也纳的“施特劳斯”以及纽约的“自由女神像”等，这些置于城市公共空间中的艺术作品已不再是单纯的人类审美对象，而是已升华至象征城市身份的品牌标识与视觉符号（图5-7-1）。

> 图5-7-1 城市雕塑

以雕塑艺术的形式塑造城市形象，让人们在艺术的观瞻中充分感悟城市的文化、享受城市的魅力、领略城市的意境是雕塑艺术介入都市建设并推动城市发展的价值所在。一个城市能否在视觉上形成性格鲜明又具有影响力的品牌，能否在城市空间形态和整体形象中带给人一种独一无二的感觉，已成为在“同质化”时代和“关注力”经济环境下城市能否取得竞争优势的关键因素之一。城市一旦建立了能体现自身特色和精神内涵的雕塑艺术品，就可以对人们产生强烈的视觉冲击力和心理震撼力，可以把整个城市的个性和特色充分阐扬出来，从而引起人们的关注和记忆。

雕塑作为展示城市形象的名片和使者，在设计创作时要遵循以及几项原则。

① 雕塑的风格和手法要注意所设置区域的特征。比如，历史文化积淀丰厚区域的雕塑和纪念性场所的雕塑应尽量采用古典主义风格或是写实手法。现代风格的环境可以选用现代主义风格或抽象手法的雕塑（图5-7-2）。

> 图5-7-2 写实雕塑

② 雕塑的题材或形式要体现场所精神，即雕塑要反映所置场所的历史特征、文化内涵或区域特色（图5-7-3）。

③ 雕塑的造型、体量或色彩要与所置区域的整体环境相呼应，可以依据公共场所的具体特点，或与其协调一致，或相互对比。不可盲目借鉴和复制其他城市的雕塑，以免出现“淮橘成枳”的尴尬现象（图5-7-4）。

> 图5-7-3　体现场所精神的雕塑

> 图5-7-4　与环境结合的雕塑

5.7.2　壁饰

壁饰作为城市环境设施的有机组成部分，与雕塑一样在改善城市形象、提升城市品质以及擢升城市美学水平等方面的作用是非常重要的。壁画的创作通常具有两种形式：一是对墙壁表面做平面艺术的处理，即壁画；二是对墙壁表面做有凹凸感的雕塑处理，即浮雕。无论是雕塑还是壁画均是以建筑墙体作为依托进行的创作。所以，壁饰设计和创作要注意如下几个方面的内容。

首先，要能够对所依附的建筑起到烘托及美化作用，即壁饰对环境要起到画龙点睛的作用，而不是狗尾续貂（图5-7-5）。

其次，壁饰的内容、形式要和建筑的特征及使用功能相一致（图5-7-6）。

> 图5-7-5　浮雕

> 图5-7-6　学校壁画

再次，壁饰的尺度要综合考虑建筑的体量、环境、交通流线以及人的观赏距离等因素（图5-7-7）。

> 图5-7-7　壁画尺度与观赏距离

5.7.3　水景

水是生命的源泉，从人类最初的逐水而居，到老子的“上善若水，水利万物而不害”，再到孔子的“仁者乐山、智者乐水”，几千年来人们对水的依赖和崇尚未曾中断过。直至现在，人们在城市建设以及环境营造中也一直将水景作为最重要的元素之一。如著名科学家钱学森先生就曾提出“山水城市”的概念。毋庸置疑，在城市中往往因为有了水，才使环境变得更富生机和灵性。所以，水成为城市景观和环境设施设计中最有魅力的主题。

在现代城市环境中，水景的运用主要是通过三种形式来实现，即喷泉、瀑布和水池。

（1）喷泉

喷泉指借助电力驱动的水泵和特殊设计的喷嘴，将水从池中喷射到空中的一种景观。喷泉的景观形式取决于喷泉的水量、高度、布局和造型。而这一景观形式又与喷点有关，喷泉的喷点可以是独立喷点，也可以是多点喷点，既可以是高喷泉，也可以是矮喷泉。

独立喷点的高喷泉主要用于水量较大的喷泉或中央喷泉，这种喷泉往往会成为一处景观的视觉中心，吸引行人或游客的关注（图5-7-8）。独立喷点的矮喷泉主要用于街头或广场等场所，可以作为点景，也可以作为行人观赏、休闲或是嬉戏的地方（图5-7-9）。多点喷泉通常是排成水阵或水列，借助数量而不是体量来装饰环境。多点喷泉不仅可以是平面式的，同时也可以是立体式的。平面式的指由多个喷点组成的水阵或水列将水从地面向上喷射，或通过喷点方向的调节使水柱喷向不同的方向（图5-7-10）。立体式喷泉则是将喷点与

> 图5-7-8　独立喷点喷泉

> 图5-7-9　矮喷泉

> 图5-7-10　多点喷泉

景观墙结合在一起，向观者的方向喷射或是将喷点设计成球形水柱向四周喷射（图5-7-11）。喷泉的形式除与水池结合外，还通常与地面铺装和雕塑结合在一起。与地面铺装结合被称为旱喷，即喷泉的水泵和喷嘴隐藏在地面铺装之下，喷点通过铺装的预留口将水从地面喷涌出来。这类喷泉因水量少、体积小（市政广场、文化广场等大型公共场所的喷泉除外）以及装饰效果良好而经常运用在公园和广场之中（图5-7-12）。为了增加喷泉的艺术性和观赏性，喷泉还经常与人物、动物或承露盘等雕塑结合在一起形成一种综合性的雕塑喷泉（图5-7-13）。

喷泉景观因设置方便、形式多样而备受公众的青睐。喷泉在设计时要注意以下几点。

① 要充分考虑喷水效果。如果是多种类型的喷泉集中表现，应注意喷泉形式、水量、水流以及水柱高低的区别，以形成具有主次感、层次感和情趣感的水景。

> 图5-7-11　立体多点喷泉

> 图5-7-12　旱喷泉

> 图5-7-13　雕塑喷泉

② 对于靠近步道的喷泉应控制其体量，以免妨碍路人的正常行为（图5-7-14）。

③ 在旱喷和较窄的水池喷泉上要设置水篦，一方面可以防止行人误踏，另一方面也可以保持水面的清洁（图5-7-15）。

> 图5-7-14　喷泉与步道的关

> 图5-7-15　喷泉上的水篦

（2）瀑布

瀑布也称景观瀑布。与自然瀑布不同的是，它是由人工形成的一种落水方式。瀑布的形式有散落、片落、布落、坠落、滑落、级落以及向心陷落等形式。加之水量、流速、水切的角度、落差、组合方式和构成、落坡的材质等的不同而形成了与喷泉迥然相异的水景形态。随着城市景观的发展，人们对瀑布的设置越来越重视，从街头角落到城市落水广场，从立体构成到平面表现，从人工水池到自然水道，瀑布在各种城市水景景观中都扮演着重要的角色（图5-7-16）。与喷泉一样，瀑布景观的设计要注意以下几个方面的因素。

> 图5-7-16　瀑布

① 要衡量和确定公共空间景观瀑布的形式和效果，依据实际情况设计合理的瀑布落水厚度。如沿墙面滑落的瀑布水厚在3 ～ 5厘米，大型瀑布水厚为20厘米，普通瀑布水厚宜在10厘米左右。

② 为保证瀑布水流的平稳滑落，需要对流水口作水形处理。

③ 若要体现水花的下落过程，可以在平滑壁面上开凿深度在1 ～ 3厘米的凹槽或作凿毛处理，亦可做横向纹理处理，通过粗糙化处理来缓解水的流速（图5-7-17）。

> 图5-7-17　落水瀑布

> 图5-7-18　点式水池

④ 在施工方面，需要对壁面石材做勾缝密封处理，以免瀑布墙体出现渗白现象。

（3）水池

水池是广场、公园以及庭院等公共空间常用的一种水景形式。依据平面形式和面积大小，水池主要包括三种形态：点式、线式和面式。

1）点式水池

点式水池指城市公共环境中规模和面积较小的水的载体，诸如露盘、饮用和盥洗池、小型喷泉和瀑布的水池等（图5-7-18）。这类水池广泛应用于庭院、广场、街头绿地做点景之用。虽然它的面积很小，但在意象上却起到“以拳代山，以勺代水”的景观意象，可以让人联想到城市空间的山水林泉之境。

2）线式水池

线式水池指形态狭长的水体景观，这种水体有时也被称为水道或水渠。由于线式水池蜿蜒绵长，对空间具有很强的划分作用，故而通常用在广场周围或中央起到界定范围或分割空间的作用。线式水池的形态多被设计成直线形、曲线形、折线形和曲水流觞形（图5-7-19）。水池中的水流大多采用流动的活水，以加强其线性的动势。为了丰富水景的视觉效果和增加情趣，线式水池通常与喷泉、瀑布等其他水面形式相结合，形成有机的景观整体。线式水池由于体量较小、装饰作用强和设置方便而成为城市公共空间中首选的水景形式。

3）面式水池

面式水池指规模、面积较大，在空间中起到控制景观作用的水池。这类水池可以是单一的水池，也可以是多个水池的组合。若干水池组合在一起既可以沿同一平面展开，也可以竖向叠加排列[1]。依据公共空间的性质、面积以及功能的不同，面式水池的形态可以是有机形的，也可以是几何形的；水池的内部既可以是光洁的水面，也可以在水里设置喷泉、种植花草、养殖鱼类、建置雕塑或设立汀步等（图5-7-20）。

> 图5-7-19　线式水池

> 图5-7-20　面式水池

水池作为公共空间中的重要水景形式，在实际设计中要注意以下五个方面的因素。

① 要依据公共空间的面积，综合衡量线式水池的形态、大小、水深以及流速、流量等因素。

② 允许嬉戏的水池要考虑儿童的生理尺度，水深不宜超过30厘米，一般为10厘米左右，没过脚面即可。同时要注意池底的防滑处理（图5-7-21）。

③ 与座椅相结合的水池其池壁边缘高度和厚度宜在40厘米左右，池内水面宜低于池壁10 ~ 15厘米。为舒适起见，也可以将池壁设计成靠背（图5-7-22）。

---

[1] 于正伦著. 城市环境创造[M]. 天津：天津大学出版社，2003：239.

> 图5-7-21　嬉戏式水池

> 图5-7-22　与座椅结合的水池

④ 要精心选择、处理池底和护岸材料的质感、肌理和色彩。为避免行人因没有关注到水池的存在而在毫无防备的情况下跌落水池，可以通过抬高水池边缘（一般15 ~ 20厘米），或通过改变池底和池壁的色彩、纹理来以防止此类现象的发生（图5-7-23）。

> 图5-7-23　水池的色彩

⑤ 要注意水池尺度的把握。这个尺度包括三个方面，即空间环境与水池的尺度，水景要素与水池的尺度以及人与水池的尺度。水池的尺度要依据人的尺度进行设计。水池面积太大会因空旷而容易缺乏亲近感和舒适感，面积太小则因局促而容易产生拥挤感和紧张感。

5.8　无障碍类设施

无障碍设施指消除和减轻人类行为障碍的各种设施，旨在为老人、儿童以及残障人士等弱势群体创造一个与健全人平等交流和活动的空间环境。推进无障碍设计、发展无障碍设施不仅是社会文明的体现，同时也是社会公德不断提升的标志。它对于推动城市精神文明建设具有重要的社会意义。正如国际残疾人康复协会所倡导的："我们所要建立的城市是健全人、病人、孩子、青年人、老年人、残疾人等都没有任何不方便和障碍，能够共同自由生活、活动的城市。"

无障碍设施的内容非常多，也非常繁杂，各个国家和地区都依据自身的情况出台或颁布了《无障碍设施设计标准》，限于篇幅，本书只能撷取部分具有代表性的无障碍设施设计，进行简要介绍。

5.8.1 无障碍道路

无障碍道路主要包括三种形式，即通道、盲道和坡道。

（1）通道

公园、景观广场等场所的无障碍通道主要考虑要适合轮椅的通行。为便于轮椅的行走以及行人与轮椅的交错，此类公共空间中的步行通道最小宽度应为2米。在行人较少的特殊场所，步行道净宽不宜小于1.5米。为保障轮椅的行进安全，步行道路面铺装要平坦、防滑。为减少轮椅的颠簸频次，以长方形为主的铺装材料的长边尽量沿道路行进方向铺设。在人行道尽端应铺设坡道。为便于盲人行走时识别方位，保障盲人的人身安全，人行道的宽度宜在2.5米以上。人行道的两端应设有自助控制信号机，以提醒过往行人和车辆注意安全。这种信号机同时也适用于行动迟缓者（图5-8-1）。

> 图5-8-1　自助控制信号

（2）盲道

盲道是为视力残障人士专门设计的一种道路，盲道广泛设置于城市所有公共空间之中。盲道的宽度宜随人行道的宽度而定（表5-8-1）。

表5-8-1　盲道与人行道的尺度关系　　（单位：mm）

类别	中心城区		新城、中心镇	
	人行道最小宽度	盲道宽度	人行道最小宽度	盲道宽度
各级道路	3000 ~ 6000	300 ~ 600	2000 ~ 5000	300 ~ 500
公共建筑（政府、商业、文化、医疗、纪念）	3000 ~ 5000	400 ~ 600	3000	400 ~ 600
交通枢纽（轨道、公交车站）	4000	400 ~ 600	3000	400 ~ 600
居住区	3000	300 ~ 500	2000	300 ~ 500
公共建筑室内	2000	250 ~ 400	2000	250 ~ 400

材质可以是矿渣、混凝土、花岗岩、橡胶、聚氯乙烯以及不锈钢等（图5-8-2）。盲道的颜色应与相邻的人行道路面铺装的色彩有所区别，并注意与周围环境的协调，中间部分宜采

用黄色。盲道的铺设应连续，并尽量避开护栏、树木、电线杆或墙体等障碍物。行进盲道宜设在距人行道外侧围墙、花台、树池以及绿化带0.25 ~ 0.6米处。行进盲道在转弯处应设置提示盲道，提示盲道的尺寸可以与行进盲道的尺寸一致，也可略大于行进盲道。不过在表面形式上二者应有所区别。诸如在行进盲道的表面可以设计凸起的条状图案，提示盲道的表面则可以设计成凸起的圆点状（图5-8-3）。

> 图5-8-2　盲道的材质

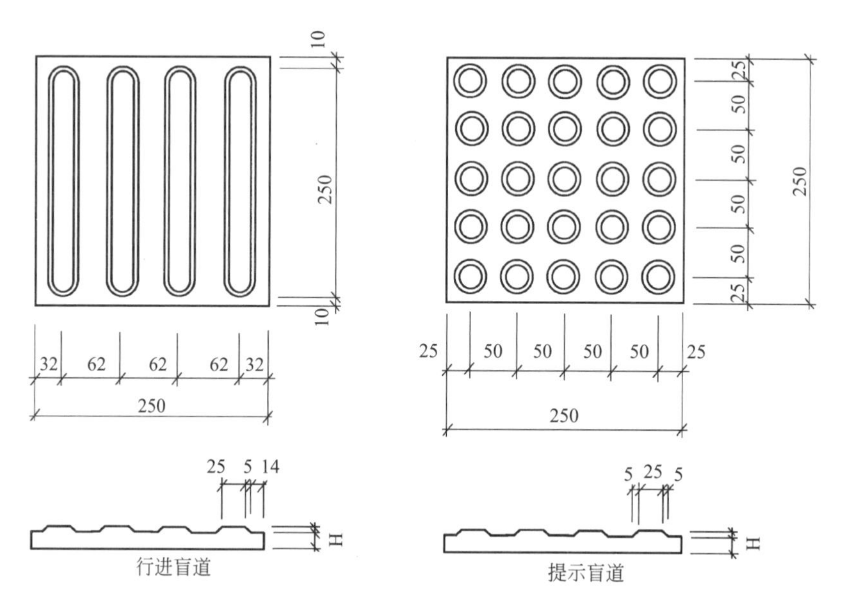

> 图5-8-3　行进盲道与提示盲道的尺寸

沿人行道和分隔带的公交站应设提示盲道，其宽度应为0.3 ~ 0.6米，距路缘石边宜为0.25 ~ 0.5米。另外，在距离人行道上台阶、坡道或其他障碍物的0.25 ~ 0.6米处设置提示盲道。在有盲人上下的踏步两端应也应设置盲道。踏步两侧或中间的扶手栏杆上宜设置盲文，以便于盲人读取相关信息（图5-8-4）。

(3) 坡道

在步行道出现高差，需设置多端阶梯的地方，为方便轮椅或有行动障碍的人士安全、顺利前行，应设置坡道。坡道的宽度和长度依据场地实际尺度来确定，最大坡度宜在1 ：12 ~ 1 ：20之间，坡度为1 ：8 ~ 1 ：10的轮椅坡道只适用于受场地限制予以改建的建筑物和室外道路。轮椅坡道的具体坡度的长、宽、高尺寸见表5-8-2、表5-8-3。

> 图5-8-4　带盲文的扶手

表5-8-2　轮椅坡道的坡度

轮椅坡道位置	最大坡度	最小宽度/mm
有台阶的建筑入口	1 ：12	≥1200
只设坡道的建筑入口	1 ：20	≥1500
室内走道	1 ：12	≥1200
室外通道	1 ：20	≥1500

表5-8-3　轮椅坡道的高度和水平长度

坡度	1 ：20	1 ：16	1 ：12	1 ：10	1 ：8
最大高度（mm）	1500	1000	750	600	350
水平长度（mm）	30000	16000	9000	6000	2800

适合轮椅的坡道尽量设计成直线形、折线形或折返形，不宜设计成圆形或弧形。为保障轮椅在上下坡的安全系数，坡道的铺装应坚实、平整、防滑，在两侧设置扶手，夜晚期间要保证适当的照明（图5-8-5）。轮椅坡道侧面凌空时在扶手栏杆下端要设置高度不低于0.1米的坡道安全挡台。当坡道的水平投影超过9米时，应设置中间休息平台，中间休息平台的长度不小于1.5米。

> 图5-8-5　坡道

5.8.2　无障碍设施

城市公共环境中的无障碍设施种类繁多，常见的主要包括以下几类。

（1）街头设施

街头设施包括垃圾箱、座椅、路灯、标识牌、候车亭以及遮阳篷等。这类设施的位置要适当，以免给乘坐轮椅的残障人士或在盲人行走时造成阻碍。特别注意，不要将阻止汽车进入的障碍物设置在倾斜缘石的中央，以免造成轮椅上下人行道时的不便。如需在人行道附近设置护柱之类的公共设施，设施之间的最小间距应不小于0.9米，地面和上部设施（诸如信息牌、标识牌、广告牌等）之间的垂直距离应不低于2.5米。供盲人使用的盲文标识牌或信息牌高度应控制在0.9 ~ 1.7米之间，以便于盲人触摸和感知（图5-8-6）。在色彩方面应加大设施与周围地面铺装的反差，以利于视力残障者能及时发现设施的存在[1]，减少意外事故的发生。

（2）护柱类设施

护柱类设施多用于保护行人免遭车辆碰撞，引导车辆按规范行驶和停放，但这也给视力残障人士的行动带来了潜在的危害。为减少这一危害，车行道与人行道之间的护栏不应低于1米（高至腰部而不是膝部），周围区域要涂上反差大的颜色。护柱之间的间距不宜小于0.9米，且在护柱上不应有横向的突出物，以免给残障人士造成人身伤害（图5-8-7）。

> 图5-8-6　盲文信息牌

> 图5-8-7　无障碍护柱

（3）售货机（亭）、问讯台设施

售货机、售货亭、问讯处包括饮水机等这类设施的服务窗口高度应在0.9米左右，最高处不宜超过1.2米。若设置显示器，显示器的字体、颜色以及声音应清晰。另外，此类设施前的地面不宜出现高差，以便于盲人或乘坐轮椅者使用（图5-8-8）。

（4）公共厕所

城市公共空间中的卫生间必须至少为残障人士预留一间专用厕间。为残障人群专设的厕

---

[1] [英]詹姆斯·霍姆斯-西德尔等著. 无障碍设计[M]. 大连：大连理工大学出版社，2002：44.

> 图5-8-8　服务设施窗口高度

间，宜设置坐便器而不是蹲便器。确定坐便器位置时应考虑轮椅的转向，为轮椅的自由活动留下足够的空间。同时要在侧墙上安装扶手或拉手，以便残障人士或老人挪位和蹲起时使用。厕间的平面布局和开门位置都要满足轮椅转向和极限动作的需要[1]（图5-8-9）。

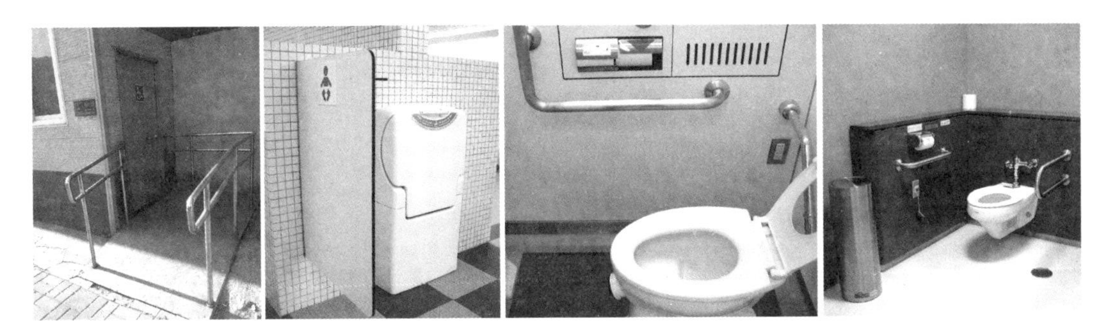

> 图5-8-9　无障碍卫生间

5.8.3　无障碍标识

无障碍标识包括三种类型，即国际通用无障碍标识、无障碍设施标识牌以及带指示方向的无障碍设施标识牌。这些无障碍标识主要设置在公园、广场、道路、交通枢纽以及对外开放的建筑等公共场所。影响无障碍标识识别的因素主要有色彩、字体以及幅面。一般而言，字体与背景色的反差越大识别性越强，反差越小识别性越差，即文字色度与背景所形成的对比度，二者的对比越强，标识的字迹就越清晰。当然，这里的清晰度不是指颜色，而是指反射度，即反射回视网膜的色光的多少。基于这一理论，公共场所中蓝底白字、绿底白字或黑底白字成为最常用的标识颜色（警戒标识除外）。当然，有些城市的标识为与城市色彩保持一致，也有用其他颜色作为标识牌的底色。字体指字的形态或形体，一般而言当字体的宽度与高度成比例时最容易辨认。标识幅面的大小要依据标识所置空间的大小、位置、人车流量、速度以及视距等具体情况来确定。

---

[1] 于正伦著.城市环境创造[M].天津：天津大学出版社，2003：172.

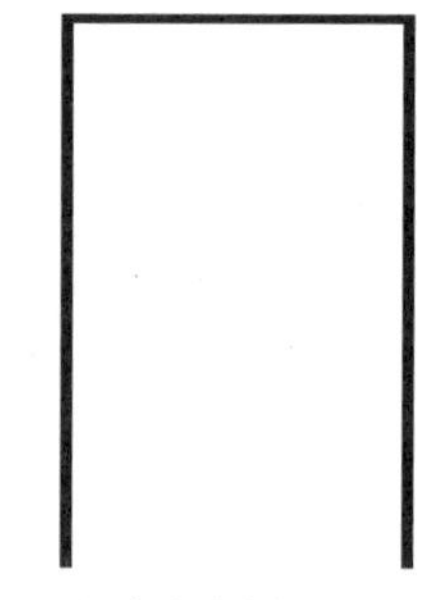

环境设施设计
Environmental facility design

Chapter 6

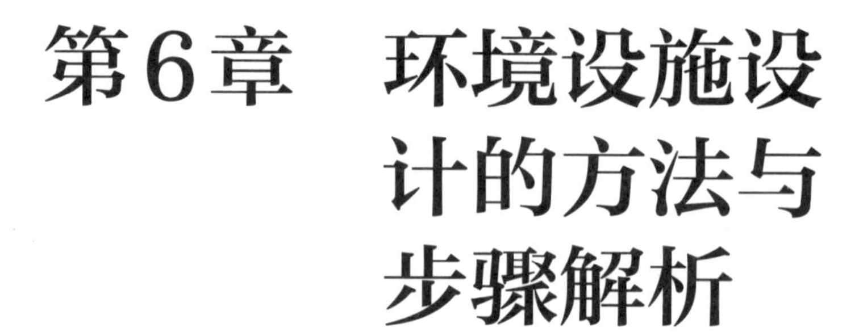

第6章 环境设施设计的方法与步骤解析

6.1 环境设施设计的方法

6.1.1 五感设计法

五感设计法源于心理学和生理学关于人体从接受刺激到产生行为的过程研究。心理学认为人的任何行为都不是凭空产生的，而是有机体对所处环境的反应形式，因此心理学家将人的行为的产生分解为刺激、生物体、反应三项来研究，即S→O→R。其中：

S——Stimuli外在、内在刺激

O——Organism有机体（人）

R——Response行为反应

人的中枢神经——脑，是接受外界刺激并做出反应的指挥中心。它负责接受刺激，同时负责对刺激进行判断并做出必要的反应。从刺激的出现到行为的产生这个过程如图6-1-1所示。

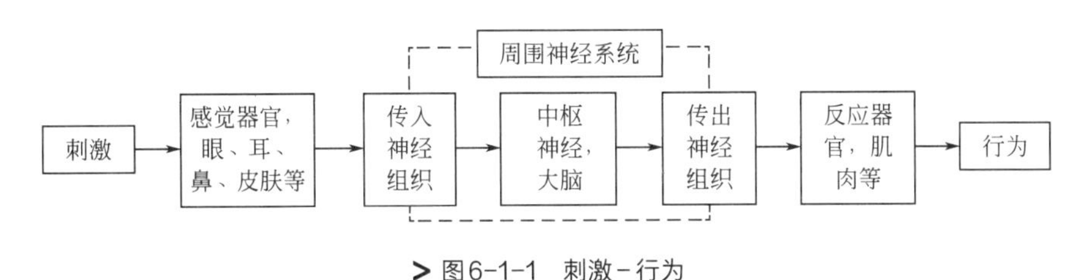

> 图6-1-1　刺激-行为

对人形成的刺激源主要有两大类型，即外在刺激和内在刺激，具体如图6-1-2所示。

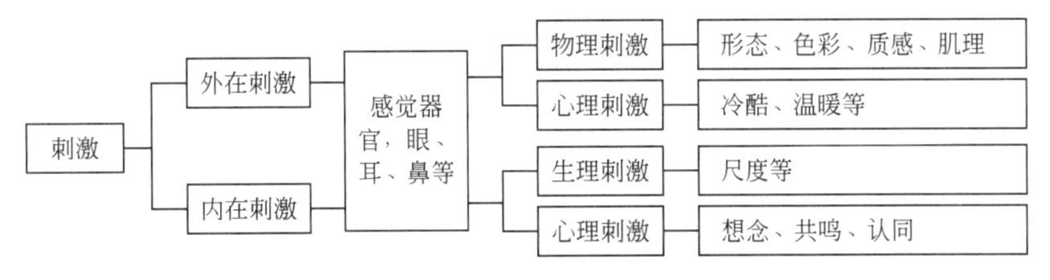

> 图6-1-2　刺激类型

从上图中可以看出，人在接受外界刺激时要具备良好的感觉器官，即眼、耳、鼻、舌、身，因而也相应地形成了人的五类感觉：视觉、听觉、嗅觉、味觉和触觉。了解到人在接受外界刺激的情况下所做出的反应过程，就为设计人性化的环境设施提供了理论依据，即以人为本的服务型公共设施的设计需要尊重人的这五种感受。

① 视觉感。人接受外界信息大约80%是经过视觉而获得的，人的眼睛是对外界光、色、形反应最敏感的器官。在进行公共设施设计时，首先要使其能满足人的视觉需求，即易于发现、辨别。如户外座椅、候车亭、指示牌等设施的色彩要与周围环境有一定的差别，以免与环境色雷同而增加辨识的难度。

② 听觉感。人耳可听到的声音范围非常广阔，声压级从0到120dB，频率从20到20000Hz都可以听到。声音又可以分为有规律的声音即音乐，和无规律的声音即噪声。音乐

能陶冶人的情操，振奋人的精神，愉悦人的情感；而噪声则会令人产生不愉快感，妨碍人的生活，打扰其交往，导致人精神紧张。基于人对声音的听觉反应，在公共设施设计时要注意设施防噪、降噪的处理。如公园、广场的交往空间可以通过设置隔音墙，或借助木质座椅和增加绿化的形式来减少噪声的干扰。

③ 触觉感。触觉感也称肤觉感，即皮肤受到外界刺激所做的反应。就人的机体与外界设施的关系而言，皮肤处于肌体的最表层，直接接触外界设施，所以它对设施的感知最为真切。使机体对设施产生触觉感的因素主要有质感、肌理以及尺度等。以街头座椅为例，木质座椅给人的感觉是温暖的，石质和金属座椅给人的感觉则是冰冷的；尺度合理的座椅会使肌肉、皮肤放松产生舒适感，尺度不合理的座椅则会压迫人的皮肤和肌肉，使人感到酸痛。

在人与环境设施的交互过程中，影响设施设计的因素除上述提出的视觉感、听觉感和触觉感之外还有嗅觉感和味觉感，但由于这两种感受并不直接作用于公共设施的设计中，只有少量的公共艺术设施和绿化设施会考虑嗅觉感和味觉感，所以本书不再一一赘述。

6.1.2 七“W”设计法

七“W”设计法就是围绕七个含有“W”的英文单词展开的设计。这七个英文单词分别为What、Who、Where、When、Whole、Why、How。

What：中文意思是“什么”。在环境设施设计中，“What”指要设计什么，即设计的主题和功能定位。这是展开设计的第一步，只有先明确要设计什么，才能依据设计的主题展开研究和探讨。比如设计户外座椅就需要按照座椅的设计规律和人体尺度开展调研；设计路灯就需要以灯杆、灯源和路面的尺寸、角度作为研究对象。

Who：中文意思是“谁”或“什么人”。在环境设施设计中，“Who”指为谁设计，即设计的人群定位。环境设施虽然是为大众提供服务的设施，但在形态、尺度和色彩方面是有针对性的。比如适合老人、儿童以及残障人士的无障碍设施，就要充分考虑这类群体的生理和心理需求。

Where：中文意思是“哪里”或“什么地方”。在环境设施设计中，“Where”指在哪里设计，即设计的场所定位。不同场所的环境性质、水土条件、历史文脉都是不同的。公共设施要通过形式、色彩或纹饰来体现所置场所的精神和特征。

When：中文意思是“时间”或“什么时候”。在环境设施设计中，“When”指时间设计，即设计的时间定位。这里的时间是一种广义的时间，即季节和气候条件。不同城市和地区由于所处的地理环境不同，其气候条件也存在着巨大的差异。环境设施的设计要能够与当地的气候条件相结合。以座椅设计为例，北方寒冷地区的座椅材质宜以木质为主，在冬天能带给人一种温馨感；南方炎热地区的座椅材质可以选用金属或石材，在夏季能给人一种清凉感。

Whole：中文意思是“完整”或“整体”。在环境设施设计中，“Whole”指设计的整体性原则。环境设施设计不是独立的形态设计，而是一种与环境和场所协调的整体性、系统性设计。即环境设施无论是造型、色彩还是材质都要考虑与所置场所环境特点的一致性与协调性，避免因设计原因而造成设施与周围环境格格不入或游离于环境之外的现象。

Why：中文意思是“为什么”。在环境设施设计中，“Why”是针对前期调研资料和主题设想所提出的质疑，以反问的形式来检验前期研究的合理性，即为什么要这么想、这样设计，其依据是什么。当设计人群、场所以及气候条件等分析数据准确无误时即可进行下一步设计。

How：中文意思是“怎么样”“如何”。在环境设施设计中，“How”指如何展开设计和怎样设计，即设计的过程控制。

6.2 环境设施设计的法则

6.2.1 AIDMA法则

AIDMA法则是源自于广告行业的一种消费模式法则，后来被引入到产品设计领域。这项法则是由美国人E·S·刘易斯在1898年提出的具有代表性的消费心理模式，它总结了消费者在购买商品前的心理过程。消费者先是注意商品及其广告，对某种商品感兴趣，进而产生出一种消费欲望，最后是记忆及采取购买行动，即“Attention（注意）——Interest（兴趣）——Desire（消费欲望）——Memory（记忆）——Action（行动）”，简称为AIDMA。对于环境设施而言，人们的使用和爱好等行为本身也是一种消费行为，即休闲消费、时间消费，并存在一定的消费心理，其过程和模式符合刘易斯提出的AIDMA法则。

A：Attention（引起注意）——造型优雅、色彩明快的设施通常会首先引起公众的注意。

I：Interest（引起兴趣）——质感丰富、尺度合理的环境设施是让人提起兴趣的前提。

D：Desire（唤起欲望）——能满足人的生理和心理需求的环境设施往往会唤起人的使用欲望。

m：Memory（留下记忆）——适宜的环境、恰当的尺寸、丰富的细节等这些充满人性化的设计是让公众记住并留恋这些环境设施的主要因素（图6-2-1）。

A：Action（体验行动）——从引起注意到留下美好记忆的整个过程，是让公众每次到此环境中必要体验的一个重要原因。

依据这一法则展开调研和设计是创造人性化公共设施的基础和前提。违背这一法则的设计将是逆人性化的设计，必会遭受公众的遗弃。

> 图6-2-1 引人注目的环境设施

6.2.2 80/20法则

80/20法则又被称为帕莱托法则、关键少数法则或次要多数法则，80/20法则最初是一个经济学和社会学法则，源自于意大利经济学家维尔弗雷多·帕莱托指出的“百分之八十的财富集中在百分之二十的人手里”这一现象。基于这项法则带有的普遍性，而被引入到管理、工程、界面设计、产品设计以及品质监控等行业和领域。80/20法则宣称在所有大系统中，大约百分之八十的效果是由百分之二十的系统变量造成的，即一切大系统中大比率的效果是由小比率的变量决定的。如百分之八十的产品，只使用百分之二十的功能；百分之八十的交通，集中在百分之二十的道路上；百分之八十的公共设施，只有百分之二十被经常使用等。

在环境设施设计中，80/20法则主要用于提高设计效率、使用效能以及设施的位置布局。如对于一件设施，如果公众使用的是其中关键的百分之二十的功能，那么，我们就应该把百分之八十的时间、设计和测试都用在这些功能上，而另外百分之八十的功能应该重新被评价[1]，来确认其在设计中的价值。通过评估和优化设计，集中优势资源，将不重要的百分之八十的非关键性功能降至最低乃至删除。

同样，如果我们要提高某一设施的使用效率，就应该将设施放置在人群集中那百分之二十的场地上，这样才能被更多的人使用，这不仅提高了设施的使用效率，同时也提升了设施的设计价值。

6.2.3 百分位法则

百分位法则是环境设施尺度设计的基本法则。环境设施作为放置在公共环境中为公众提供服务的一种设备或产品，它必须能够满足大多数人的生理尺度和使用需求，这就需要对人体尺度有一个了解。百分位法则为人生理尺度的测量和分类提供了一个数理依据。

百分位表示具有某一人体尺寸和小于该尺寸的人占统计对象总人数的百分比。大部分的人体测量数据是按百分位来表达的，具体而言是把研究对象分成一百份，根据一些指定的人体尺寸项目（如身高），按从最小到最大的顺序排列进行分段，每一段的截至点即为一个百分位。以身高为例，第95百分位则表示有95%的人等于或小于这个尺寸，5%的人具有更高身高；第50百分位为中点，把一组数平分成两组，较大的和较小的各占50%。第50百分位的数值接近平均值，但不能理解为有“平均人”这样的尺寸。以垃圾箱、户外座椅和饮水设施为例，要提高它们的使用效率和充分发挥它们的公共效能，其高度必须要符合百分之九十五的人

> 图6-2-2 符合95百分位的设施

[1] [美]威廉·立德威尔等著，李婵译.设计的法则[M].沈阳：辽宁科学技术出版社，2010：12.

的尺度，这样才能满足更多人的需求。如这两种设施的尺度只达到第50百分位，那就意味着有接近50%的公众无法正常或舒适地使用该设施（图6-2-2）。

6.3 环境设施设计步骤解析

环境设施设计是一个系统性、整体性的过程，从接受项目开始到最终的设计评价，大约要经历八个步骤（图6-3-1）。

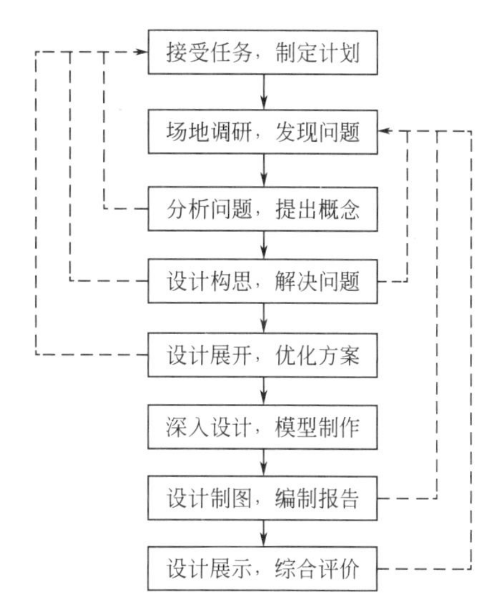

> 图6-3-1 环境设施设计步骤

（1）接受任务，制订计划

主要包括两个方面的内容，具体如下。

① 制定任务可行性报告

报告应体现委托方的要求、环境特征、设施的设计方向、潜在的市场因素、要实现的目标、项目的前景以及可能达到的市场占有率、政府或企业实施设计方案应具备的心理预期及承受能力等。报告的目的是使设计方对委托的诉求有更深入的了解，以明确自己在实施设计过程中可能出现的问题与状况。

② 制定项目总体时间表

根据委托方的时间要求，制定时间进程计划，并展示整个设计流程。

（2）场地调研，发现问题

通过场地调查，一方面了解环境设施所设置场地的地形、地貌、交通状况、车流、人流状况以及人群的特点和需求等，做好设计定位，另一方面从不同角度探查已有设施的不足，为后期的改良或创新设计提供依据（图6-3-2）。

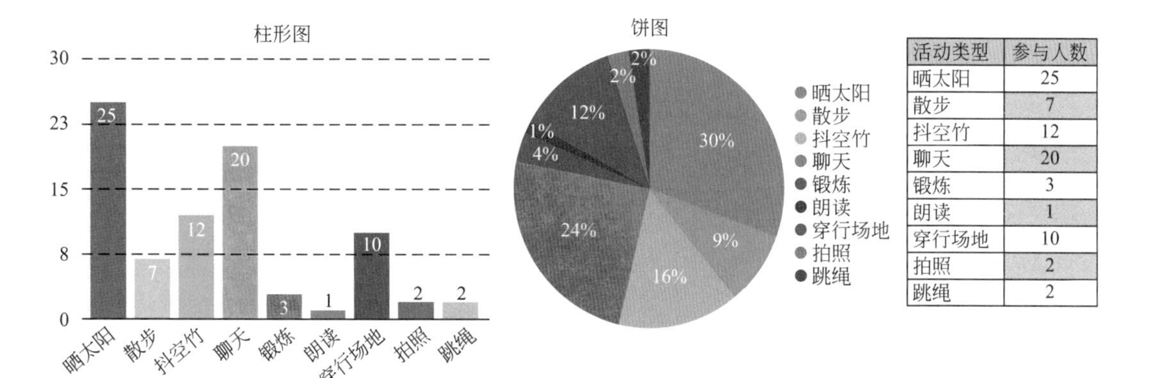

活动类型	参与人数
晒太阳	25
散步	7
抖空竹	12
聊天	20
锻炼	3
朗读	1
穿行场地	10
拍照	2
跳绳	2

> 图6-3-2 调研数据

> 图6-3-3 设计草图

（3）分析问题，提出概念

对收集到的各方面资料进行综合分析判断，以决定设施的性能、材质、尺度、价格以及设计方向等。可以利用问卷调查、走访调查等方法获得研究资料，也可以利用互联网或大数据分析取得资料。在对所收集的资料整理之后，根据委托方、使用者、场所特征以及审美和技术等方面的基本要求，提出各种解决方案，并对各种方案应加以评价且得出结论。研究本设计和其他同类设施的关系、质量特色等要素，订立包括设计、制造、安装在内的计划。对功能和审美上的各种要求，均应尽量找到恰当的解决办法，同时也要将局部解决方法分项列入，组成设计的原则性解决方案。

（4）设计构思，解决问题

从这个阶段开始进入具体设计阶段。通过草图展开构思，构思雏形应包含各种不同的造型和色彩（图6-3-3）。

（5）设计展开，优化方案

对扩初阶段的设计方案举行设计研讨，聘请相关方面的专家对该方案进行整体评价，并与委托方沟通，从整体到细节、从色彩到材质、从技术到艺术等各个环节进行一一推敲，力求设计方案的尽善尽美。

（6）深入设计，模型制作

这一阶段设计的样式已经确定，主要是进行细节调整，同时要进行技术可行性设计研究。方案通过审查后，要确定该方案的基本结构和主要技术参数。这项工作是由设计师来完成的（图6-3-4）。

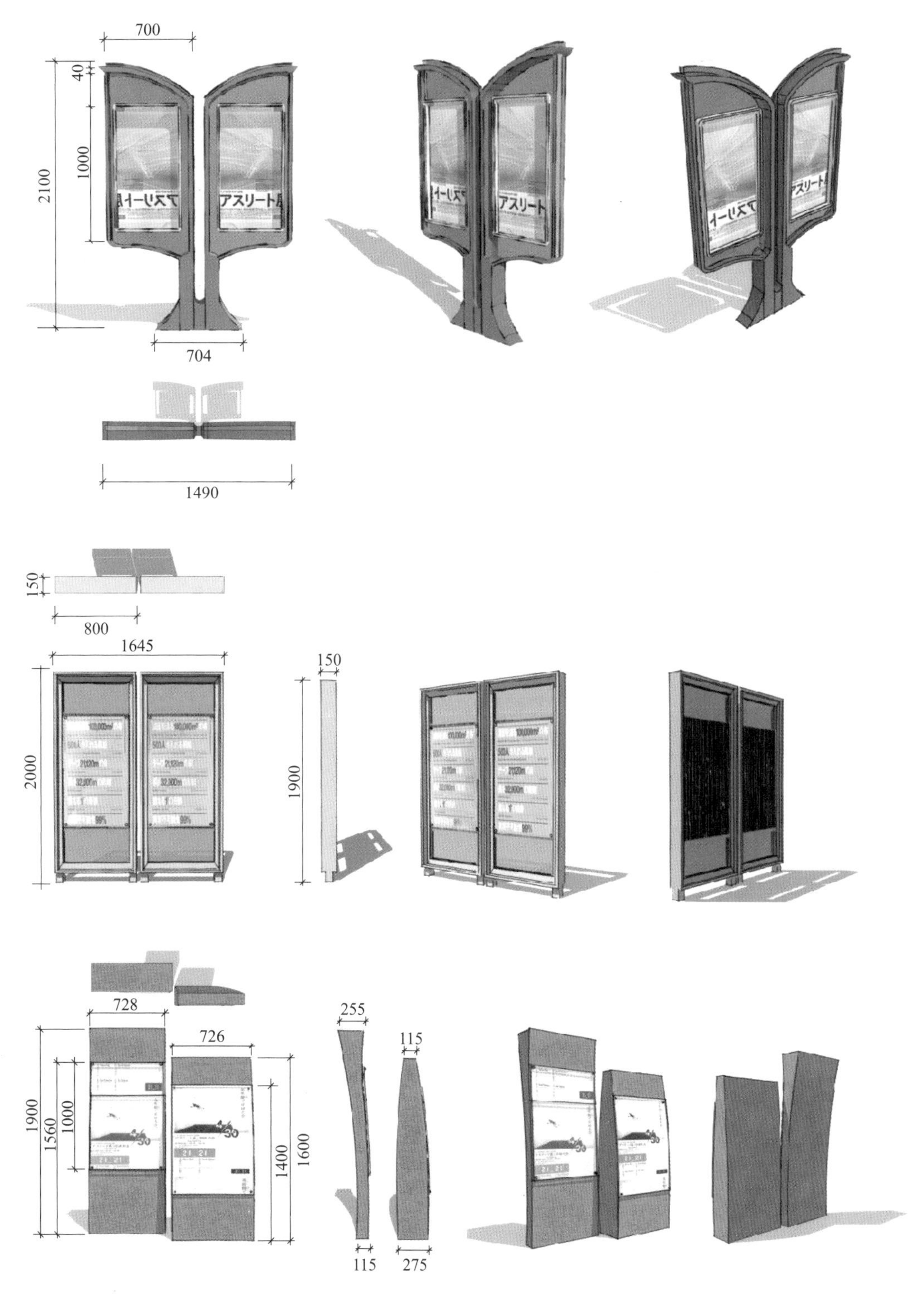
700
40
1000
2100
704
1490
150
800
1645
2000
150
1900
728
726
1900
1560
1000
1400
1600
255
115
115
275
アスリート

> 图6-3-4 设计定稿方案

（7）设计制图，编制报告

依据设计方案和模型绘制准确的设施产品结构图，以便于加工制作。设计报告书是由文字、图表、照片、表现图及模型照片等形式所构成的设计过程报告，是交由委托方高层管理者最后决策的重要文件。

报告书的内容包括封面、目录、设计计划进度表、设计调查、分析研究、设计构思、设计展开、方案确定、综合评价等内容。

（8）设计展示，综合评价

对设计的形式以等比例模型并结合报告书的形式向公众展示。展示的内容应包括两大部分：

① 对设计的综合价值进行展示

a.新设计构想是否具有独创性?

b.新设计具有多少价值?

c.新设计的实施时间、资金和工艺条件是否具备?

d.新设计是否能进一步优化城市形象?

② 对设施本身进行评价

a.技术性能指标的评价；

b.经济性指标的评价；

c.美学价值指标的评价；

d.满足需求等方面指标的评价。

课程设计训练

一、课程设计任务书

进行空竹园环境设施设计。在对基地情况进行实地调研、分析的基础上，依据调研结论，提出设计方案。

（1）训练目的

① 学会带着明确的设计目标和问题意识，进行设计调研和分析。

② 能够清晰地表达设计分析思路和设计思考过程。

③ 学会通过效果图、实体模型照片等方式客观真实地表达设计效果与设计意图。

（2）提交内容

① 场地现状：区位分析、环境分析、场地分析、人群分析、案例分析。

② 设计主题：设计理念、设计原则、设计定位。

③ 设计图纸：透视图、平面图、立面图、节点图。

（3）内容要求

① A4版面、图文并茂、内容完整、表达清晰、尺寸准确。

② 符合国家相关专业规范要求。

③ 关注结构、材料构造及设备技术条件等工程技术的可行性问题。

④ 体现对社会、文化、历史、环境以及人的行为、生理的关注，有正确的价值导向。

（4）评价标准

① 设施形态美观，具有一定的创意（30%）。

② 设施尺度合理、结构清晰。（30%）。

③ 设施比例正确（25%）。

④ 设施能与环境有机融合（15%）。

二、课程设计方案

方案1（设计：孙冬喆）

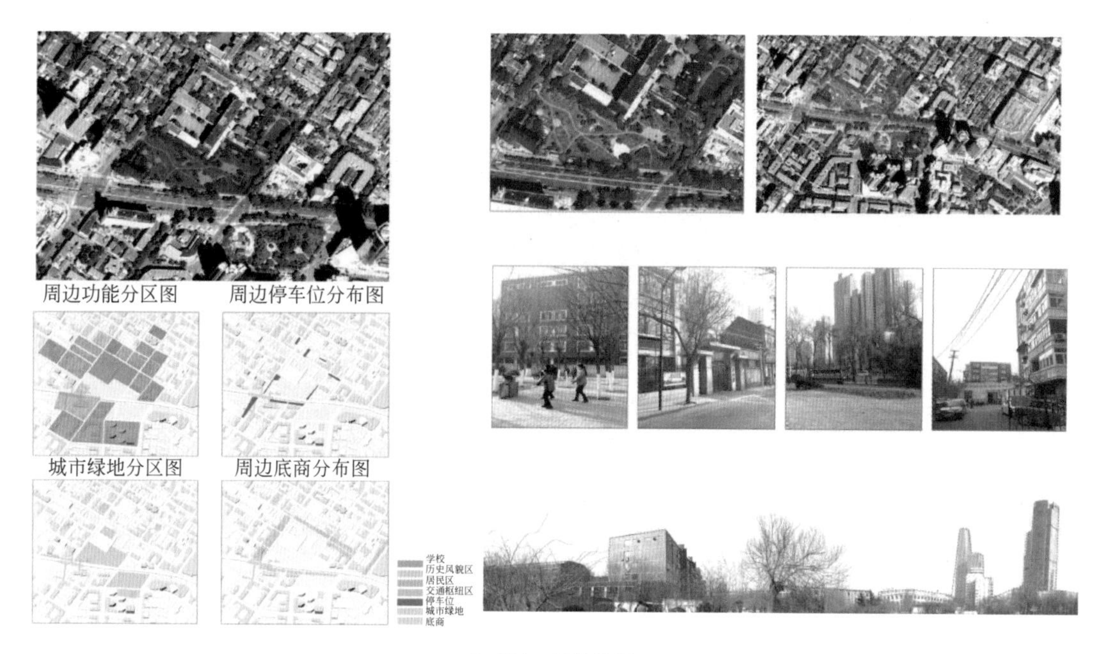

> 图1　场地分析

为了突出公园区域环境设施的休闲性、舒适性以及便利性，从设计创意到最终方案的确定，需详细了解居民的生理及心理需求。设计之初，重点进行调研，针对该地区的环境特征、设施现状进行了多次实地调研。调研内容包括公园的功能分区、周围环境以及设施分布等现状。

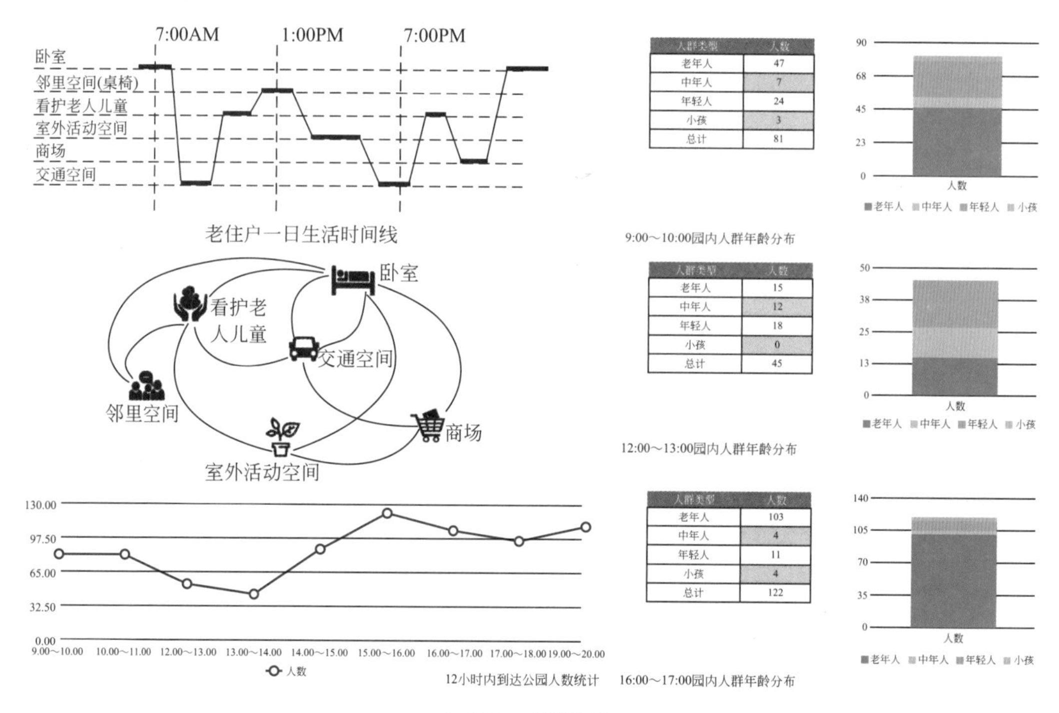

> 图2　人群分析

该基地周围有多所中小学，而且居民区集中，人员密集。在调研中发现出现在公园中的人群以中老年、青少年及儿童为主。基于对现状的了解和人群活动的分析，为该设计的准确定位指明了方向，奠定了基础。

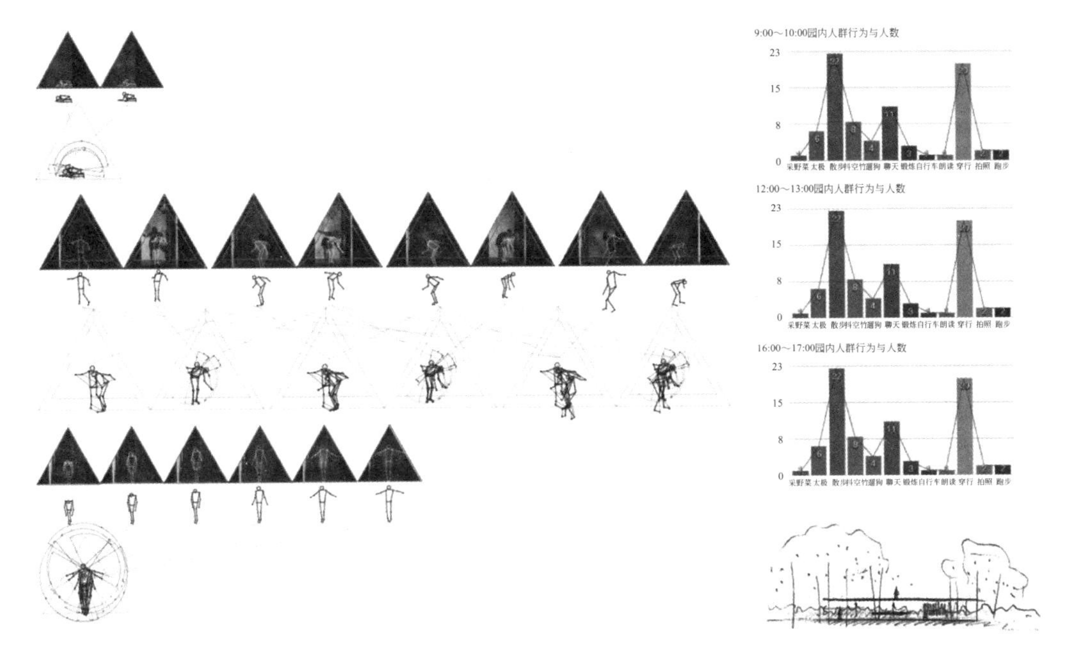

> 图3　人群行为分析

公园的使用者是人，只有对人的行为、活动以及需求深入了解，并将其作为设计依据，才能创造出有意义、有价值的环境设施。为了使设计出的环境设施能够真正贴近生活、服务公众，该设计对园区内的人群行为和人员数量展开了量化分析。

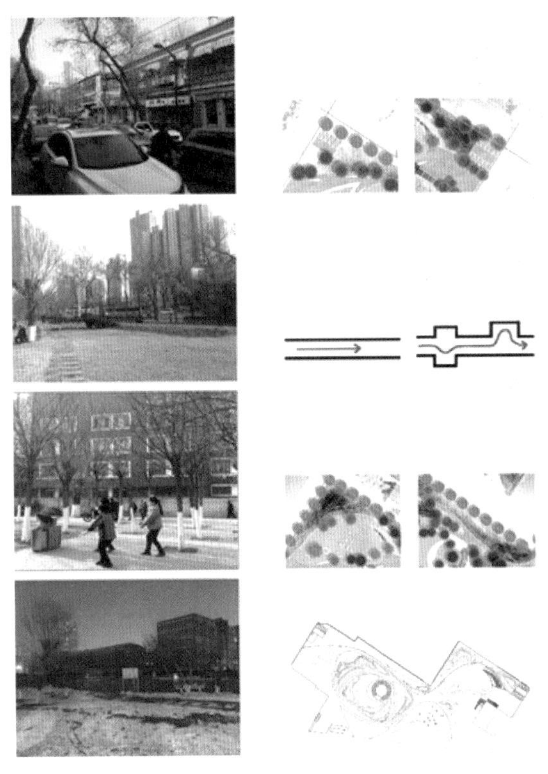

> 图4　问题总结

分析结果：①设施不完善、老化严重；② 布局、尺度不合理；③缺少指示系统；④照明设施不完善；⑤公共艺术匮乏。

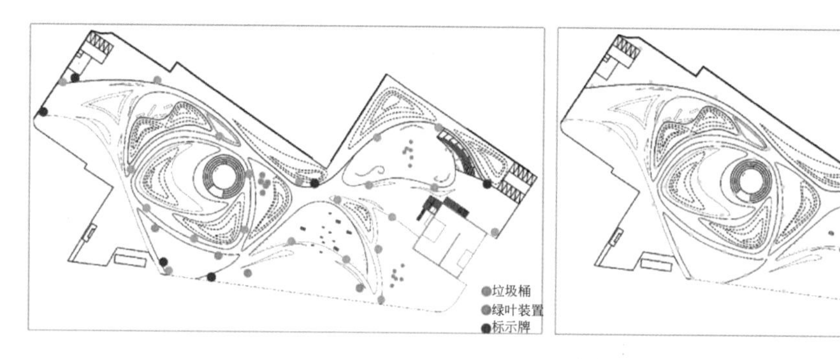

> 图5　设施布局

针对上述情况提出设计预想：①完善环境设施布局，使其更加合理；② 展开专项设计。

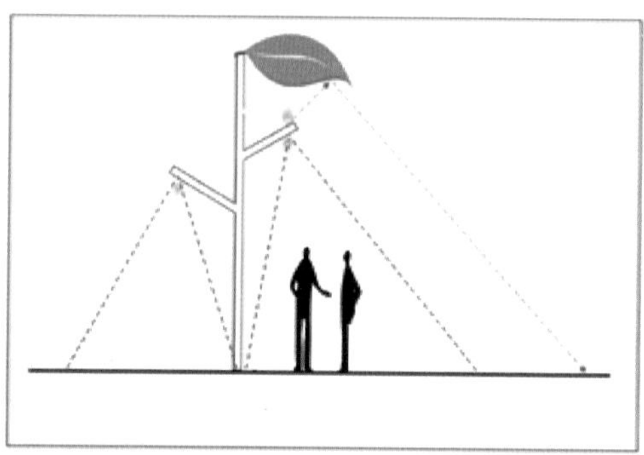

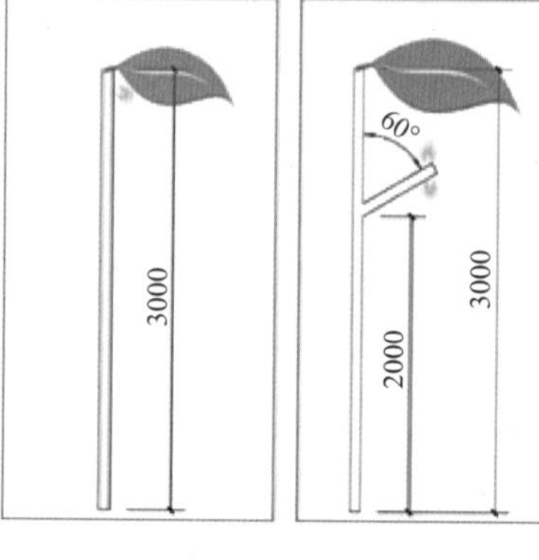

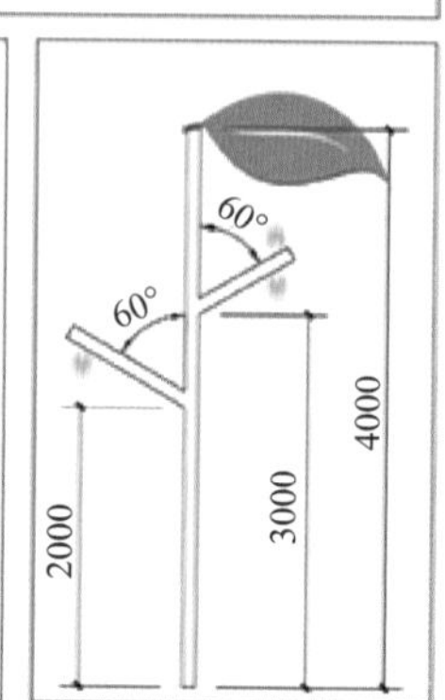

> 图6　灯具设计

该灯具方案在整体思路上首先遵循节能环保的理念。在设计形态上借鉴自然元素，以树形结构为主，树干作为灯杆，树叶作为反射板，并与太阳能电池板结合。白天接受阳光照射存储电能，夜晚将太阳能转化为电能给灯具供电。

在灯光的设计上，该灯具以漫反射为主。这种反射方式投射出来的光线会增强环境的柔和度，色光也较为温婉。

灯具的分布主要以满足道路照明、景观照明和引导照明为主。灯具的间距和数量以道路的宽度、灯泡的照度以及景观需要来定。

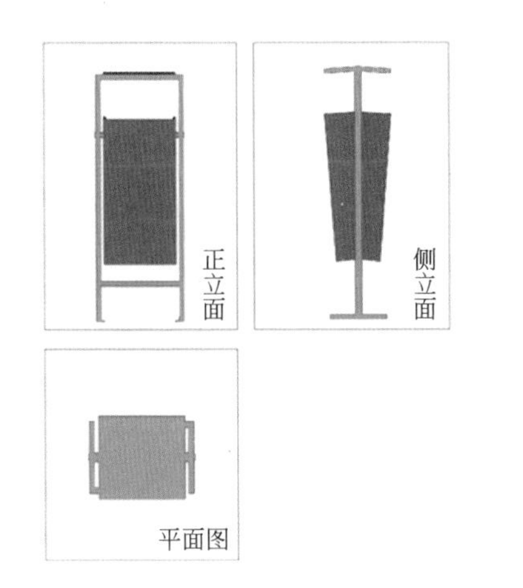

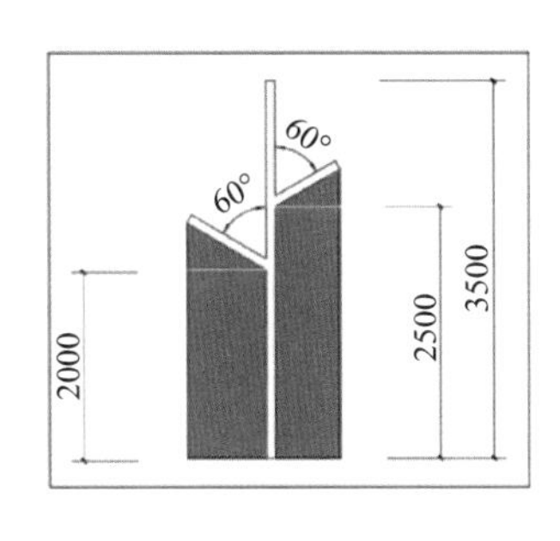

> 图7　垃圾箱与指示牌设计

园中放置的垃圾箱在设计时要综合考虑多种因素，不仅在外观上要与环境一致，同时又要适应公园人流量大、废弃物多等特点。精心设计的垃圾箱在满足各方需求的同时，又可以在一定程度上对景观环境起到美化和点缀作用。

该垃圾箱的高度为800毫米，符合大多数人的生理尺度。这个高度使身材高一些的人群不需下蹲，身材矮小一些的人群也不需要上举就可以轻松方便地使用该设施。只有便于使用，才能引导公众养成垃圾入箱的习惯。

垃圾箱的箱体颜色选用了醒目的红色，主要是因为在该园区活动的人群是老人和青少年为主，红色能引起他们的注意。另外，红色也能够与周围红褐色的建筑形成呼应关系。垃圾箱的箱体采用了方形，这种形式简洁、明快，容量大。

标识牌作为公园内的指示系统，主要用于说明和引导。该标识牌在设计思路上融合建筑、雕塑以及产品美学于一体，力求使其成为一件艺术品。为了体现设施的一致性，在形态与风格上采取了与灯具相似的造型。

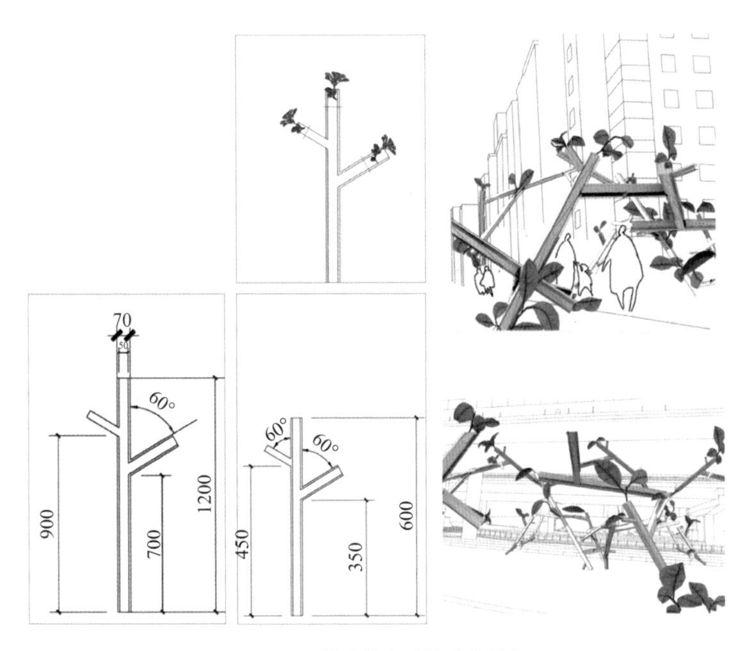

> 图8　装置艺术（绿叶装置）

该设计借鉴植物造型，用金属杆件来模拟树干、树枝以及树叶的形态，给人营造一种“道法自然”的感觉。该装置艺术由多个单体组成，每个单体可以自由拼插、组合，创造出不同的形态。

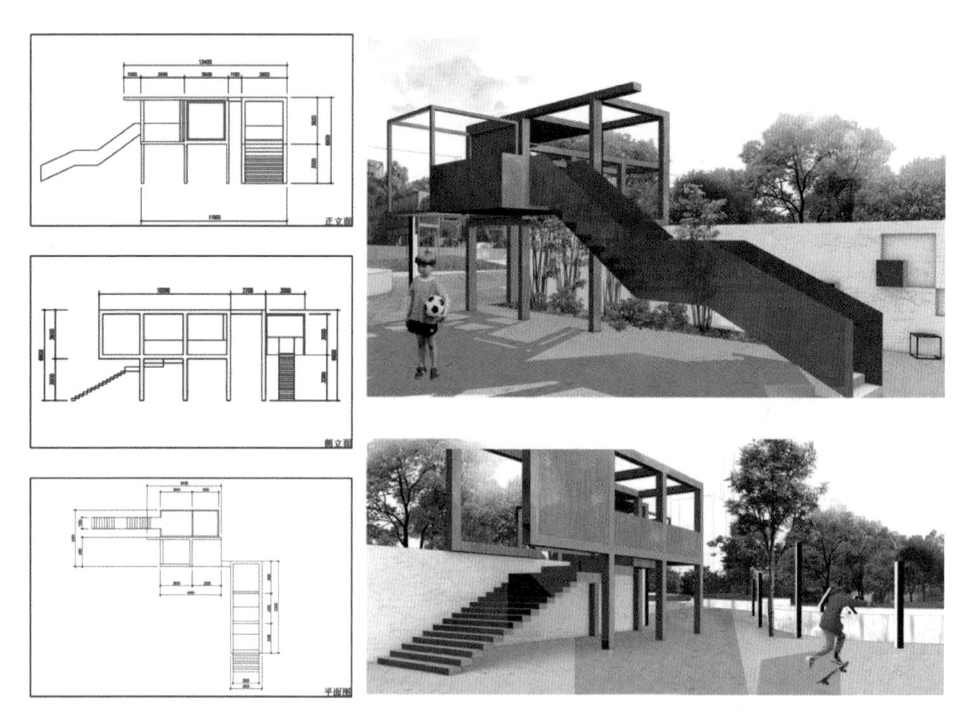

> 图9　娱乐设施

该娱乐设施主要供青少年及儿童在公园内攀爬和瞭望之用。为了能引起使用者的注意，该设计在形态上借鉴了屈米在拉维莱特公园中设计的装置艺术，在色彩方面则选用了红色。

方案2（设计：邢实）

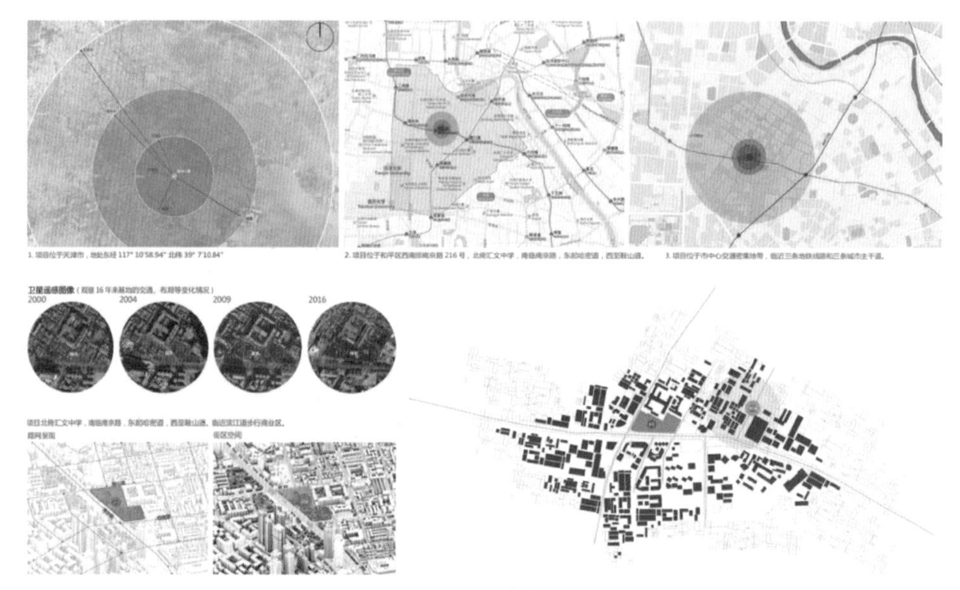

> 图1　场地位置

通过卫星截图，明确基地所处的具体位置。通过地点定位和区位分析，为后面分析影响环境设施设计的因素奠定基础。

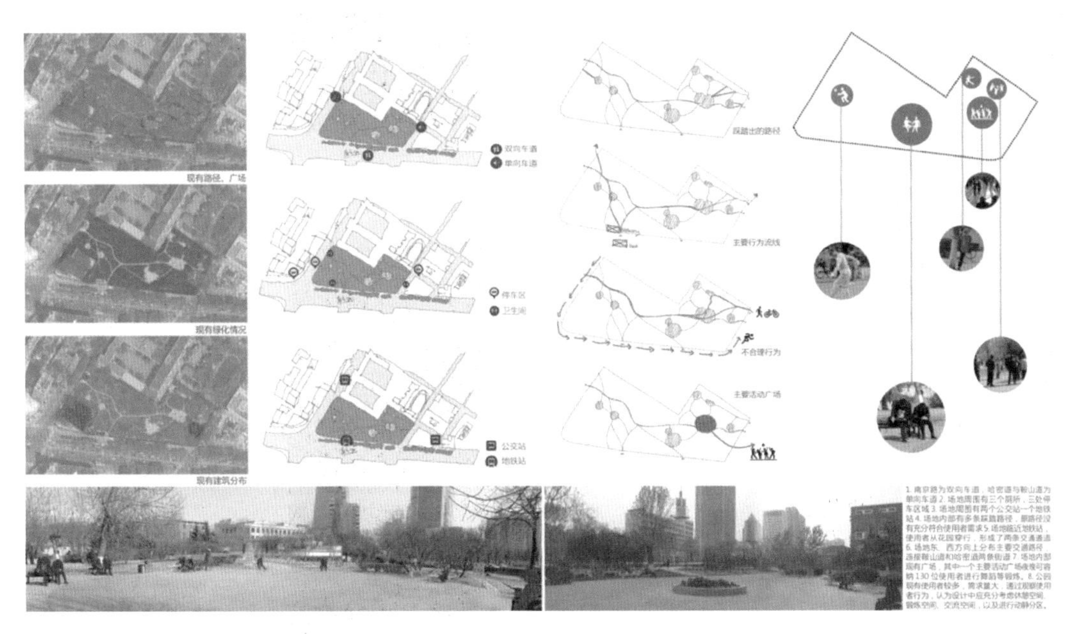

> 图2　场地现状

对所设计的场所环境、设施的现状进行收集整理、分析研究。

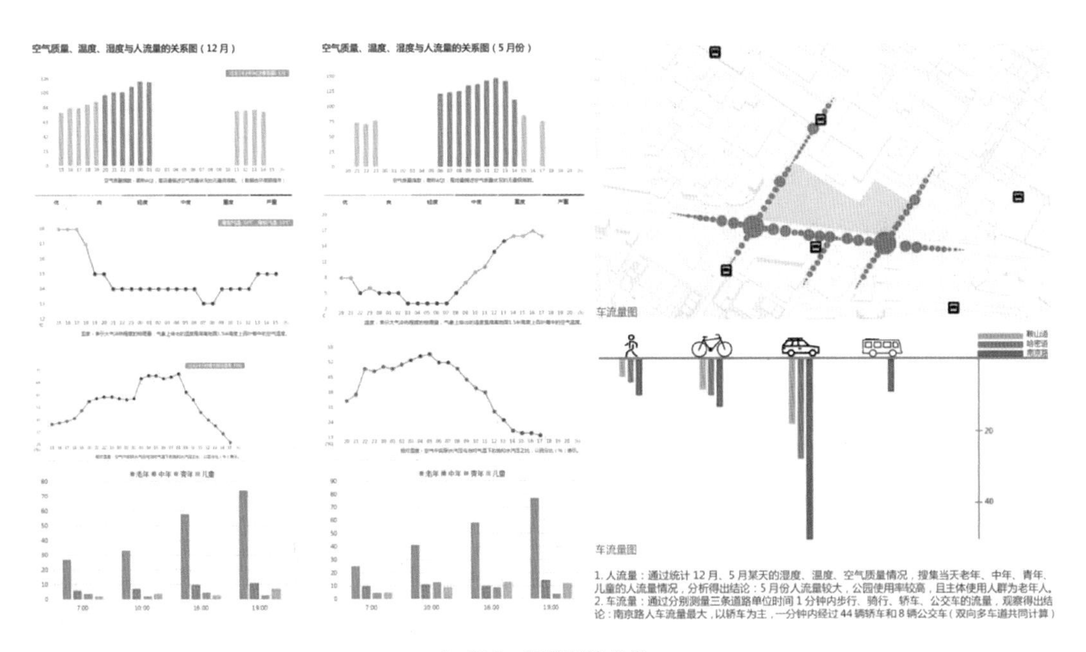

> 图3　场地环境分析

对设计场地所在地的温度、湿度以及场所的人流、车流和密度等影响环境设施设计的条件进行梳理和分析。作为后期展开设计的依据。

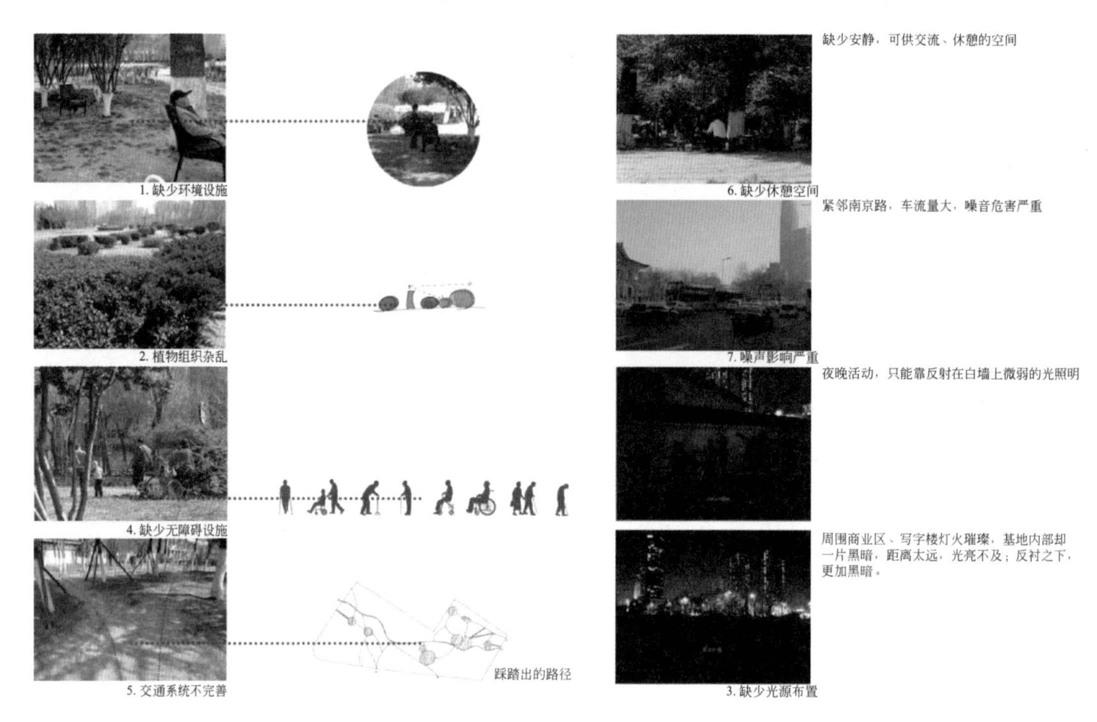

> 图4　场地问题

通过实地调研和数据分析，总结基地存在的环境问题，并基于这一问题展开设计研究。

> 图5　人群定位

通过调研走访和实际观测，分析场地内的人群状况，并对人群的年龄层次、生理特征以及心理需求展开量化分析。这些数据是能否设计出符合人性化的环境设施的关键依据。

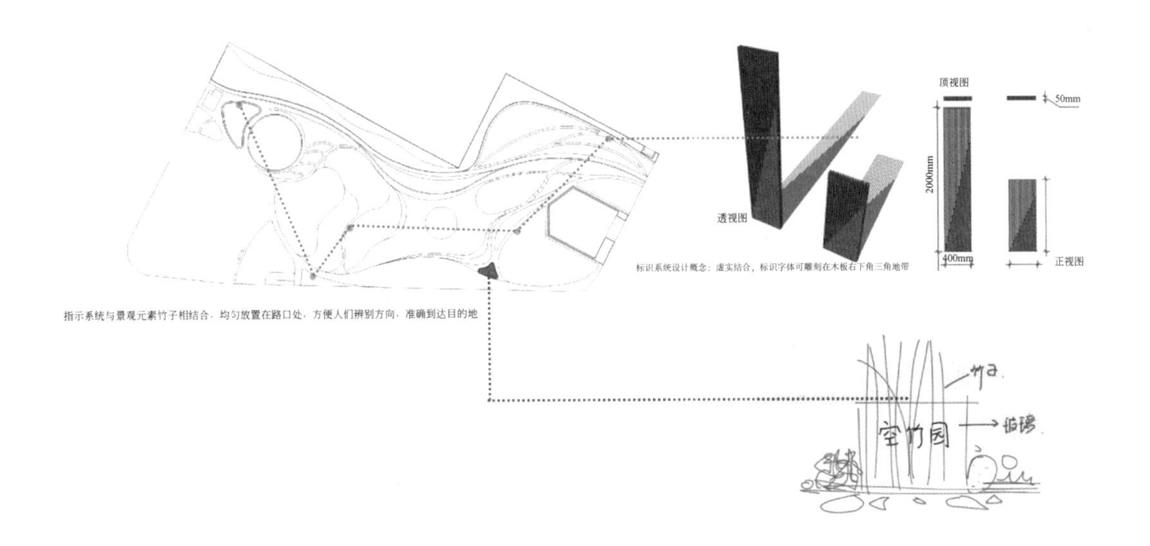

> 图6　指示系统设计

为了取得与整体环境的一致性，指示系统的设计在材质上以木质为主，色彩上以温暖的黄褐色为主，在形式上采用虚实结合的方式。高度以2米为限，宽度为0.4米左右，这在生理上符合人的观看尺度和观看角度。

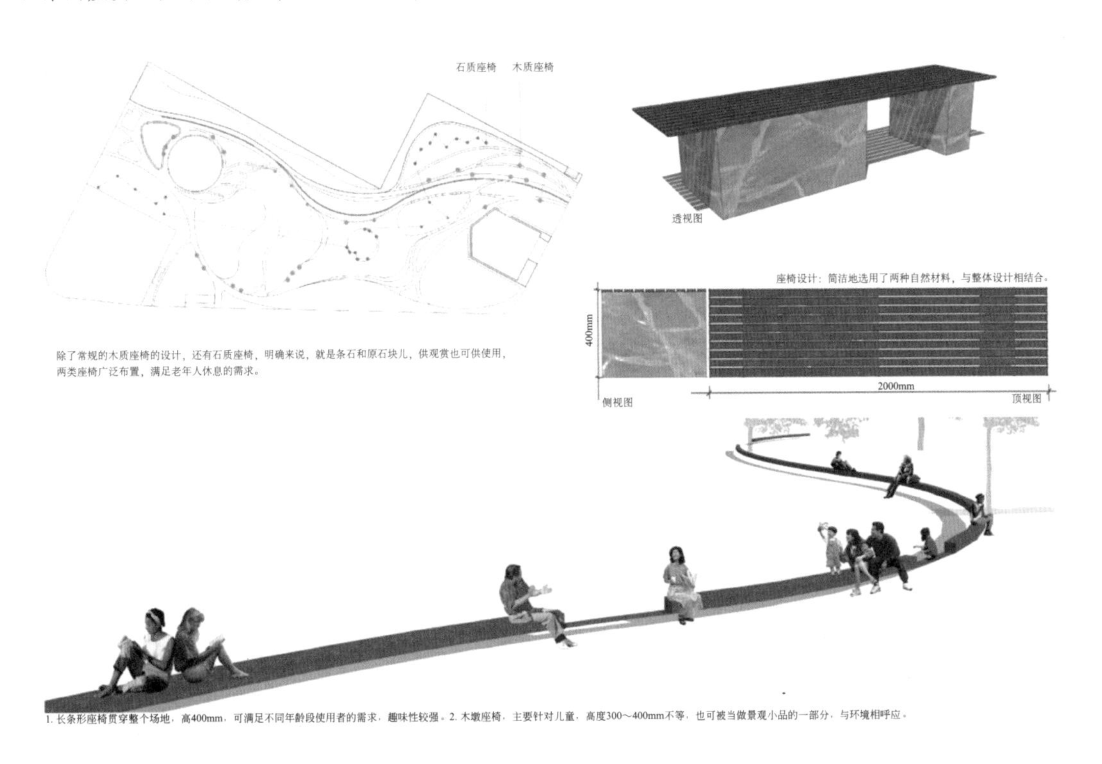

> 图7　座椅设计

座椅的材质以木材为主，部分辅以石材。座椅的形式主要采用方形和线形。线形又可以细化为直线式和曲线式。不同的座椅形式为公众的观景、交流抑或休憩提供了多样化的选择。

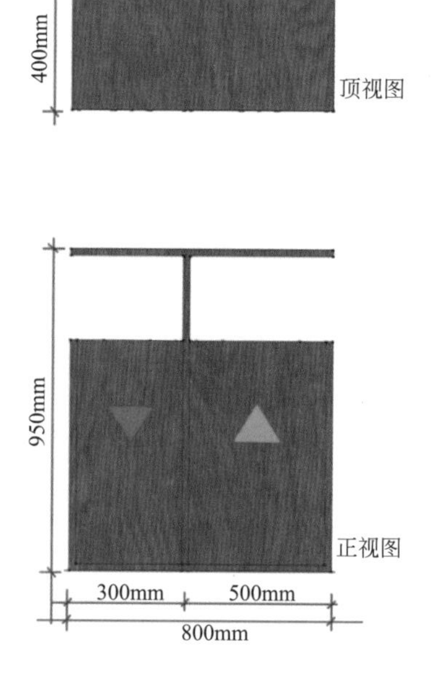

垃圾箱设计概念：正三角代表可回收，倒三角代表不可回收，可回收垃圾通常占比重更大，所以设计扩大了可回收垃圾一边的空间，与不可回收垃圾一边进行差别设计。

> 图8　垃圾箱设计

垃圾箱的材质选用以木质为主。在构造上，对垃圾箱的使用功能做了分析和细化处理。园区内原有的垃圾箱箱体并无可回收与不可回收之分，导致各种废弃物无序地投放在一起，为方便后期垃圾的分拣和再生利用，该垃圾箱在结构上对是否可回收作了区分。调研发现，投放在该处的废弃物以矿泉水瓶、纸张、餐盒等可回收的垃圾为主，不可回收的垃圾占比较小。为了满足投放需求，对该垃圾箱的两个回收空间的尺寸做了不同的处理。另外，为了让公众方便区别可回收与不可回收，在箱体的标识上利用了习惯性和常识性色彩。即在人们的认知心理上，绿色通常代表生态的、安全的和可再生的；红色则代表警示的、危险的和不可再生的。

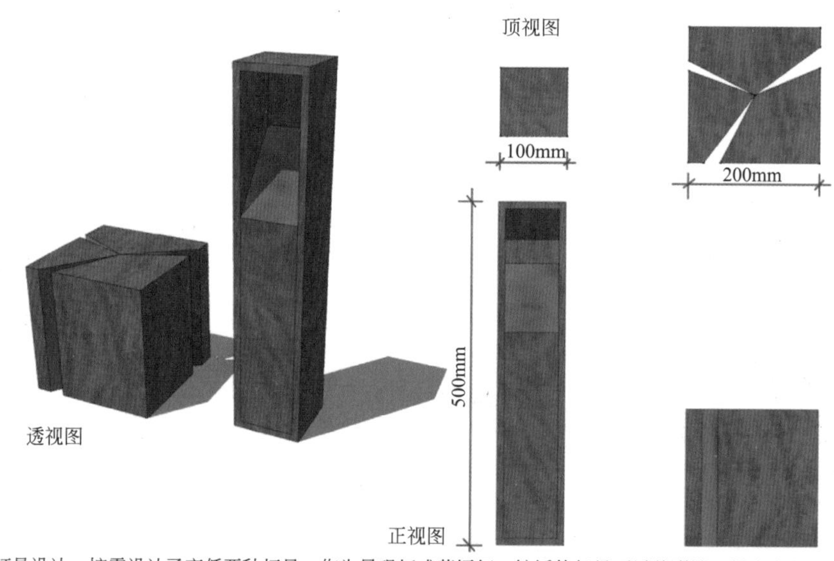

灯具设计：按需设计了高低两种灯具，作为景观灯或草坪灯，较矮的灯具可以从裂缝里射出光亮

> 图9　灯具设计

为了体现环境设施设计的一致性原则，该灯具的材质也选用了木材。在照明上，这两款灯具的光源采用LED照明。在照明方式上，低矮的草坪灯突破常规的照射方式，采用缝隙发光。这种投光方式不仅扩大了灯具的照射范围，同时增加了光线氛围的情趣性。

后记

随着经济的发展以及科技的进步，我国城市建设已经进入一个同质化的时代。从北京到上海、从天津到深圳，城市形象日趋雷同，身置这些城市总有一种似曾相识的感觉。各城市为吸引更多的资源和资本都在极尽所能地追求另类或地标式的城市标志物，导致“世界第一高”“亚洲第一高”或是各种形态千奇百怪的构筑物层出不穷，并不断刷新人们的审美认知。在当代城市中，鳞次栉比的摩天大楼、复道行空的立体交通一个个争奇斗艳、互相争宠，让人们眼花缭乱、应接不暇，而那些真正关心人、关怀人以及人们真正需要的城市设计则如凤毛麟角。

事实上，对城市居民而言，他们需要的不仅仅有适宜的建筑、便捷的交通，同时更需要能从生理上和精神上关爱他们的生活必需品——环境设施。法国伟大作家雨果曾说：“有了物质，那是生存；有了精神，才叫生活。”环境设施作为一种城市元素，它是城市魅力系统的有机组成部分，与人们日常生活关系最为密切。从形态、尺度、内涵、色彩、质感以及肌理等方面营造精致、优美且怡人的环境设施，对于改善城市形象、提升城市美誉度、增强市民荣誉感乃至擢升市民的归属感将具有莫大的意义。

本书从概念、内涵、类型以及设计方法等方面对环境设施设计进行了粗略的阐释。限于笔者才学疏浅，挂一漏万之处在所难免，恳请各位方家批评，待日后修正、完善。

在该书即将付梓之际，首先要感谢化学工业出版社张阳女士的鼎力相助，本书从选题确立到纲目制定无不包含着张阳女士的汗水和心血。其次，要感谢天津大学建筑学院2015级研究生张镜澜同学为本书提供和绘制图片，以及2016级研究生袁瑞伯同学对本书的付出。最后，对在该书写作过程中提供建议的其他师友一并表示感谢。

陈高明

2017年6月于北洋园

参考文献

[1] [丹麦]扬·盖尔著.何人可译.交往与空间[M]，北京：中国建筑工业出版社，2002.

[2] [丹麦]扬·盖尔著.人性化的城市[M].北京：中国建筑工业出版社，2010.

[3] [美]凯文·林奇著.城市意象[M].北京：华夏出版社，2006.

[4] [日]芦元义信著.街道的美学[M].尹培桐译.天津：百花文艺出版社，2006.3

[5] [美]刘易斯·芒福德著.城市发展史—起源、演变和前景[M].宋俊岭，倪文彦译.北京：中国建筑工业出版社，2008.

[6] [奥]卡米诺·西特著.城市建设艺术[M].南京：东南大学出版社，1990.

[7] [意]维特鲁威著.建筑十书[M].北京：中国建筑工业出版社，1986.

[8] [美]劳伦斯·哈普林著.城市[M].台北：新乐园出版社，2000.

[9] [日]田中直人著.标识环境通用设计[M].北京：中国建筑工业出版社，2004.

[10] [美]威廉·立德威尔等著，李婵译.设计的法则[M].沈阳：辽宁科学技术出版社，2010.

[11] [西班牙]约瑟夫·马·萨拉著，周荃译.城市元素[M].沈阳：辽宁科学技术出版社，2001.

[12] Jacobo Krauel. Street Furniture[M]. Links，2007.

[13] Jacobo Krauel. 城市元素[M]. Prgeone，2007.

[14] Azur. Urban Element Design[M]. Azur Corproation，2007.

[15] 沈玉麟著.外国城市建设史[M].北京：中国建筑工业出版社，1989.

[16] 陈志华著.外国建筑史[M].北京：中国建筑工业出版社，2003.

[17] 俞孔坚、吉庆萍著.国际“城市美化运动”之于中国的教训（上）——渊源、内涵与蔓延[J].中国园林，2006.

[18] 王昀、王菁菁编著.城市环境设施设计[M].上海：上海人民美术出版社，2006.

[19] 钱健，宋雷编著.建筑外环境设计[M].上海：同济大学出版社，2001.

[20] 常怀生编著.环境心理学与室内设计[M].北京：中国建筑工业出版社，2000.

[21] 陈高明著.城市艺术设计[M].南京：江苏科技出版社，2014.

[22] 于正伦著.城市环境创造[M].天津：天津大学出版社，2003.

[23] 周岚等编著，城市空间美学[M].南京：东南大学出版社，2001.

[24] 陈丙秋，张肖宁编著.铺装景观设计方法及应用[M].北京：中国建筑工业出版社，2006.

[25] 吴家骅著.环境设计史纲[M].重庆：重庆大学出版社，2002.

[26] 马建业编著.城市闲暇环境研究与设计[M].北京：机械工业出版社，2002.

[27] 王建国著.城市设计[M].南京：东南大学出版社，2011.

[28] 许彬摄影，杨翠微设计.美国城市景观元素[M].沈阳：辽宁科学技术出版社，2006.

[29] 董学军，董晓明编.城市景观设施[M].大连：大连理工大学出版社，2014.

[30] 回春编.城市元素细部设计[M].北京：化学工业出版社，2014.

[31] 阚曙彬，安秀主编.世界城市环境设施[M].天津：天津大学出版社，2009.

[32] Think Archit 工作室编.景观细部元素设计[M].武汉：华中科技大学出版社，2012.